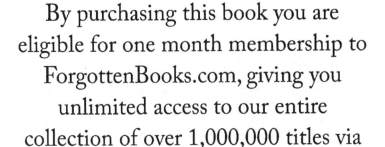

ISBN 978-0-484-60726-1
PIBN 10678968

OBSERVATIONS MÉTÉOROLOGIQUES

FAITES

A CORDOBA (République Argentine)

PENDANT L'ANNÉE 1883

Par OSCAR DOERING

Dans les pages suivantes je donne les observations que j'ai faites durant l'année 1883 ; elles sont la continuation de celles que j'avais commencé à faire en 1882 sur l'évaporation et les diverses températures du sol à six profondeurs différentes. J'ai cru intéressant de les accompagner de quelques autres.

Ces observations seront réproduites, en détail, dans l'ordre suivant :

1. Pression atmosphérique.
2. Température de l'air.
3. Force élastique de la vapeur atmosphérique.
4. Humidité relative.
5. Evaporation abritée et sans abri.
6. Température du sol.
7. Irradiation solaire.
8. Précipitations et orages.

En terminant j'ajouterai quelques remarques touchant les résultats, les instruments que j'emploie et leur exposition.

PRESSION ATMOSPHÉRIQUE (700 *mm.* +)

CORDOBA, 1883

Janvier

Tab. I, 1.

DATES	7 a.	12 m.	2 p.	9 p.	MOYENNE
1	25.85	24.70	23.79	24.95	24.86
2	27.30	26.06	24.55	23.47	25.11
3	23.68	20.95	19.94	20.12	21.25
4	20.60	17.68	15.82	16.09	17.50
5	20.99	22.28	21.49	24.25	22.24
6	25.86	25.00	24.22	23.60	24.56
7	24.82	23.97	21.18	20.45	22.15
8	24.69	21.24	21.54	21.73	22.65
9	22.11	21.43	20.98	21.22	21.44
10	23.20	22.20	20.91	21.70	21.94
11	25.95	27.32	27.22	29.72	27.63
12	28.11	27.03	26.14	25.48	26.58
13	26.28	25.44	24.16	23.40	24.61
14	23.62	21.99	21.29	24.00	22.97
15	29.89	30.55	30.60	32.06	30.85
16	29.70	27.04	25.28	24.98	26.65
17	24.25	22.96	21.90	22.98	23.04
18	23.33	22.14	20.98	21.01	21.77
19	19.67	18.35	17.30	26.52	21.46
20	29.68	28.60	27.67	29.55	28.97
21	28.67	26.84	25.58	26.60	26.95
22	24.81	23.39	22.09	23.57	23.49
23	23.89	22.74	21.59	21.49	22.32
24	21.85	20.82	21.43	24.49	22.59
25	28.76	29.17	28.29	28.55	28.53
26	30.78	30.83	30.21	32.33	31.11
27	36.87	35.81	35.06	34.38	35.44
28	31.65	29.79	28.18	27.17	29.00
29	25 33	22.81	21.11	20.46	22.30
30	21.04	19.43	18.84	24.95	21.61
31	26.22	26.57	26.28	27.95	26.82

PRESSION ATMOSPHÉRIQUE (700 *mm.* +)

CORDOBA, 1883

Février

Tab. I, 2

DATES	7 a.	12 m.	2 p.	9 p.	MOYENNE
1	27.39	26.66	25.38	26.53	26.43
2	28.13	27.77	26.81	27.27	27.40
3	28.08	27.10	26.35	28.10	27.61
4	30.62	29.16	27.96	27.79	28.79
5	25.88	23.62	22.27	22.14	23.43
6	24.16	23.29	22.62	25.36	24.05
7	26.15	28.37	27.88	27.07	27.03
8	28.44	28.00	27.00	27.33	27.59
9	27.64	25.50	24.01	23.37	25.01
10	22.42	19.51	17.86	23.83	21.37
11	25.47	25.96	25.64	26.73	25.95
12	26.85	25.23	24.18	25.29	25.44
13	25.64	24.40	23.21	23.56	24.14
14	25.07	23.41	22.13	21.37	22.86
15	23.62	24.58	23.25	25.23	24.03
16	27.14	27.82	27.55	28.41	27.70
17	28.90	28.11	27.52	27.71	28.04
18	27.97	27.37	26.41	27.32	27.23
19	28.70	27.98	26.96	27.57	27.74
20	28.48	27.89	26.67	26.98	27.38
21	27.30	25.60	24.38	24.51	25.40
22	26.49	26.58	25.54	28.46	26.83
23	28.42	27.87	27.39	27.11	27.64
24	26.53	24.18	22.53	20.89	23.32
25	21.43	23.31	21.78	24.04	22.42
26	25.02	21.95	20.90	20.80	22.24
27	19.92	19.52	18.81	19.53	19.42
28	26.11	28.46	28.38	32.52	29.00

PRESSION ATMOSPHÉRIQUE (700 *mm.* +)

CORDOBA, 1883

Mars

Tab. I, 3

DATES	7 a.	12 m.	2 p.	9 p.	MOYENNE
1	34.72	31.48	29.17	27.25	30.38
2	23.63	21.88	20.67	21.51	21.94
3	26.15	25.82	24.66	24.53	25.11
4	24.62	21.62	20.45	24.80	23.29
5	28.48	26.33	25.12	25.23	26.28
6	23.15	20.51	19.29	20.67	21.04
7	24.30	23.26	22.47	23.83	23.53
8	24.02	22.41	20.82	20.95	21.93
9	20.22	18.44	17.00	22.09	19.77
10	25.75	26.06	25.89	29.53	27.06
11	32.91	32.55	31.84	32.50	32.42
12	32.45	31.75	31.08	32.94	32.16
13	34.16	33.00	31.89	32.41	32.82
14	31.36	30.94	29.78	30.29	30.48
15	28.83	27.08	25.26	25.35	26.48
16	24.90	27.08	26.46	27.35	26.24
17	27.33	26.93	25.76	27.03	26.71
18	26.27	24.41	23.00	24.05	24.44
19	24.83	23.60	22.34	22.77	23.31
20	23.60	26.36	25.94	28.82	26.12
21	27.11	26.07	24.37	24.11	25.20
22	24.55	26.83	25.96	28.19	26.23
23	27.49	25.19	23.39	22.83	24.57
24	23.76	22.45	20.84	21.56	22.05
25	20.03	18.90	17.58	17.61	18.41
26	20.12	20.32	19.46	24.55	21.38
27	26.57	26.16	25.44	25.91	25.97
28	23.96	21.96	19.89	20.09	21.31
29	19.63	17.99	16.91	21.36	19.30
30	18.96	16.66	14.99	20.55	18.17
31	27.04	28.56	27.93	31.90	28.96

PRESSION ATMOSPHÉRIQUE (700 *mm.* +)

CORDOBA, 1883

Avril

Tab. I, 4

DATES	7 a.	12 m.	2 p.	9 p.	MOYENNE
1	34.33	33.47	31.93	31.70	32.65
2	30.30	29.56	28.40	31.63	30.11
3	33.28	32.70	31.53	33.11	32.64
4	33.55	32.68	31.43	32.36	32.45
5	31.31	30.31	28.18	29.66	29.72
6	29.78	29.21	27.84	27.30	28.31
7	26.13	25.40	24.37	26.37	25.62
8	27.49	26.51	25.14	27.16	26.60
9	27.91	26.81	25.51	26.72	26.71
10	26.24	23.66	22.13	23.20	23.86
11	21.51	19.36	18.55	20.53	20.20
12	28.52	29.00	27.74	29.46	28.57
13	28.54	27.82	26.76	28.11	27.80
14	25.48	23.12	21.39	21.73	22.87
15	23.52	24.03	22.27	21.11	22.30
16	23.90	25.33	24.96	27.69	25.52
17	27.06	23.59	21.19	20.26	22.84
18	30.74	31.09	30.17	31.83	30.91
19	34.57	33.32	31.31	31.16	32.35
20	30.75	29.51	28.04	28.51	29.10
21	27.86	26.35	24.99	25.78	26.21
22	23.61	23.50	22.16	20.81	22.19
23	17.08	21.78	22.59	29.01	22.89
24	35.10	35.21	34.25	34.68	34.68
25	34.43	33.45	32.58	34.19	33.73
26	34.04	32.14	30.86	31.60	32.17
27	30.67	30.00	29.26	31.82	30.58
28	32.52	31.61	30.02	32.47	31.67
29	32.15	31.22	30.00	31.69	31.28
30	32.43	32.69	32.03	33.40	32.62

PRESSION ATMOSPHÉRIQUE (700 *mm.* +)

CORDOBA, 1883

Juin

Tab. I, 6

DATES	7 a.	12 m.	2 p.	9 p.	MOYENNE
1	26.32	23.27	21.14	21.96	23.14
2	21.92	23.11	22.30	28.73	24.32
3	30.21	29.02	27.78	29.62	29.20
4	29.17	29.10	27.21	28.99	28.46
5	29.09	29.33	28.60	31.02	29.57
6	29.74	28.20	27.08	28.11	28.31
7	26.05	23.80	22.32	22.65	23.67
8	20.51	20.73	20.35	25.55	22.14
9	29.08	28.95	28.25	28.90	28.74
10	27.81	26.64	25.09	26.59	26.50
11	25.09	22.61	21.29	21.38	22.59
12	19.38	20.88	21.10	24.41	21.63
13	22.27	20.22	17.67	18.20	19.38
14	18.32	18.71	17.97	21.99	19.43
15	22.94	21.78	20.43	23.47	22.28
16	26.36	27.93	27.14	31.07	28.17
17	29.91	29.23	28.40	30.84	29.72
18	29.39	28.80	27.59	30.21	29.06
19	32.16	32.83	32.14	33.93	32.74
20	34.95	36.35	35.72	38.17	36.28
21	37.66	36.98	35.86	37.63	37.05
22	36.73	35.99	34.22	35.38	35.44
23	32.76	30.76	28.84	28.21	29.94
24	22.90	21.20	19.83	20.21	20.98
25	22.11	22.25	21.29	25.84	23.08
26	25.84	24.17	23.15	25.92	24.97
27	26.70	26.84	26.68	28.63	27.34
28	28.75	27.42	25.66	25.25	26.55
29	25.53	26.23	25.90	28.44	26.62
30	31.00	31.47	30.81	32.46	31.42

PRESSION ATMOSPHÉRIQUE (700 *mm.* +)

CORDOBA, 1883

Juillet

Tab. I, 7

DATES	7 a.	12 m.	2 p.	9 p.	MOYENNE
1	29.03	26.63	25.31	26.55	26.96
2	26.98	25.57	24.08	25.52	25.53
3	23.75	22.80	20.61	21.44	21.93
4	20.85	18.44	17.58	20.83	19.75
5	22.39	23.15	21.97	24.32	22.89
6	23.43	24.71	25.06	28.31	25.60
7	28.31	28.29	27.38	31.50	29.06
8	34.04	34.79	34.09	38.43	35.52
9	38.45	37.94	37.05	38.59	38.03
10	37.30	36.26	34.69	34.77	35.59
11	33.08	32.23	31.20	33.95	32.74
12	34.62	32.96	31.48	31.52	32.54
13	28.25	26.49	30.63	28.82	29.23
14	35.78	37.07	36.02	35.70	35.83
15	32.28	30.76	29.06	29.44	30.26
16	27.70	26.40	25.15	26.25	26.37
17	25.89	24.75	23.62	25.93	25.15
18	26.70	25.76	23.99	26.69	25.79
19	23.16	22.57	22.13	27.52	24.27
20	31.84	32.20	31.02	35.63	32.83
21	38.57	39.62	38.45	39.04	38.69
22	36.07	33.72	31.66	32.27	33.33
23	32.15	32.50	31.90	36.80	33.62
24	37.81	37.81	36.84	36.36	37.00
25	33.50	29.92	28.00	26.78	29.43
26	28.67	28.90	28.90	29.90	29.16
27	26.17	23.40	21.49	26.16	24.61
28	30.90	31.37	30.12	36.70	32.57
29	34.94	34.79	33.24	32.75	33.64
30	33.61	36.42	35.43	38.40	35.81
31	38.36	36.97	35.07	36.47	36.63

PRESSION ATMOSPHÉRIQUE (700 *mm.* +)

CORDOBA, 1883

Août

Tab. I, 8.

DATES	7 a.	12 m.	2 p.	9 p.	MOYENNE
1	35.71	34.16	32.69	33.09	33.80
2	29.62	26.25	24.85	26.17	26.88
3	25.82	24.73	23.73	26.69	25.41
4	26.11	24.12	21.97	22.86	23.65
5	20.58	22.74	24.22	30.12	24.97
6	33.34	34.11	33.07	33.06	33.16
7	31.68	30.25	28.62	29.83	30.04
8	30.02	28.87	27.88	30.12	29.34
9	33.44	32.52	31.23	32.81	32.49
10	30.82	28.89	27.53	26.54	28.30
11	25.89	26.43	26.24	32.93	28.35
12	33.37	30.55	28.20	27.88	29.82
13	24.49	24.96	24.68	32.19	27.12
14	37.08	36.84	34.66	33.28	35.01
15	26.83	24.16	23.61	29.54	26.66
16	32.98	32.68	31.04	34.31	32.78
17	36.18	35.58	34.31	35.28	35.26
18	36.35	36.51	35.27	38.72	36.78
19	40.08	39.28	37.77	37.43	38.43
20	35.61	33.12	31.12	31.91	32.88
21	28.23	25.45	23.92	23.94	25.36
22	23.61	23.63	22.60	27.62	24.61
23	30.77	30.50	28.96	32.51	30.75
24	31.36	28.68	26.52	27.66	28.51
25	27.84	31.00	31.08	36.14	31.69
26	38.79	37.92	36.48	38.13	37.80
27	38.74	37.30	35.09	36.58	36.80
28	35.13	33.51	31.76	33.40	33.43
29	30 99	28.86	26.27	27.34	28.20
30	24.13	21.37	19.53	21.16	21.61
31	22.75	23.18	21.90	24.72	23.12

PRESSION ATMOSPHÉRIQUE 700 mm. —

[illegible] 1883

Septembre

[illegible]

DATES	7 a.	12 m.	2 p.	9 p.	MOYENNE
1	26.72	25.53	25.36	25.30	25.29
2	31.99	31.74	30.32	32.63	31.66
3	31.39	29.83	27.27	30.22	29.68
4	29.29	29.96	29.29	33.36	30.38
5	33.22	32.12	30.34	33.32	32.35
6	33.27	31.42	29.41	25.96	29.71
7	22.66	29.12	29.30	34.44	28.93
8	35.95	35.62	34.10	35.65	35.44
9	34.21	32.98	31.86	35.68	33.94
10	39.55	37.49	35.11	34.76	36.13
11	33.02	30.31	27.90	28.63	29.85
12	31.16	30.97	29.21	30.61	30.33
13	31.15	30.49	29.38	32.83	31.12
14	36.82	35.26	34.88	36.89	35.90
15	36.06	35.82	34.24	34.30	35.61
16	31.42	28.52	26.97	28.19	28.86
17	28.31	25.48	23.82	25.12	25.73
18	23.18	20.72	19.29	22.36	21.61
19	27.33	28.71	28.51	32.36	29.47
20	35.65	35.62	34.71	35.86	35.41
21	35.52	33.08	31.23	31.85	32.87
22	30.32	28.14	27.01	29.30	28.84
23	29.63	27.26	25.84	27.23	27.57
24	26.89	25.08	23.90	26.01	25.60
25	25.91	24.47	23.70	26.76	25.46
26	28.92	29.67	29.12	31.26	29.77
27	30.11	28.55	26.39	28.45	28.32
28	28.54	26.37	24.57	27.56	26.89
29	26.88	24.02	22.08	22.06	23.67
30	26.53	25.01	23.77	26.46	25.59

PRESSION ATMOSPHÉRIQUE (700 *mm.* +)

CORDOBA, 1883

Octobre

Tab. I, 10

DATES	7 a.	12 m.	2 p.	9 p.	MOYENNE
1	27.03	29.03	28.51	30.91	28.82
2	30.83	29.64	28.16	30.17	29.72
3	29.99	27.82	27.29	29.00	28.76
4	27.42	25.33	24.03	26.76	26.07
5	26.06	24.79	23.19	24.31	24.52
6	22.61	19.71	18.04	22.63	21.09
7	21.69	20.75	21.10	29.08	23.96
8	30.80	30.14	28.75	30.82	30.12
9	30.49	28.12	26.83	28.78	28.70
10	30.91	29.63	28.84	31.31	30.35
11	31.31	30.79	29.65	32.19	31.05
12	32.65	30.91	29.32	30.12	30.70
13	29.86	27.72	26.38	27.63	27.96
14	26.46	23.85	22.16	23.00	23.87
15	24.07	21.78	20.53	22.13	22.24
16	22.11	18.46	16.64	21.36	20.04
17	26.73	25.67	24.06	25.01	25.27
18	24.77	22.05	18.75	22.74	22.09
19	24.61	25.61	25.29	27.74	25.88
20	29.33	29.20	28.21	29.45	29.00
21	29.57	28.44	26.88	27.84	28.10
22	28.44	26.56	24.87	26.94	26.75
23	28.51	28.15	26.63	28.30	27.81
24	28.21	25.13	23.26	23.29	24.92
25	27.96	27.63	26.73	29.12	27.94
26	28.42	25.85	24.73	29.35	27.50
27	26.40	27.46	26.96	29.70	27.69
28	31.38	31.38	30.35	30.92	30.88
29	30.39	29.15	28.38	29.59	29.45
30	28.49	25.93	24.41	25.93	26.28

PRESSION ATMOSPHÉRIQUE (700 *mm.* +)

CORDOBA, 1883

Novembre

Tab. I, 11

DATES	7 a.	12 m.	2 p.	9 p.	MOYENNE
1	27.63	25.26	23.64	24.09	25.12
2	25.99	26.96	26.99	28.83	27.27
3	28.63	27.88	26.84	27.90	27.79
4	27.96	27.92	26.64	26.90	27.17
5	27.60	25.73	24.29	24.53	25.47
6	24.23	22.08	19.45	20.97	21.55
7	23.88	22.99	22.75	25.89	24.17
8	30.96	28.50	26.55	24.24	27.25
9	18.87	15.89	14.35	15.17	16.13
10	22.63	23.14	22.64	26.15	23.81
11	25.60	24.27	22.96	22.85	23.80
12	19.96	17.70	17.00	25.13	20.70
13	30.82	30.79	29.97	31.14	30.64
14	30.96	28.71	27.19	26.81	28.32
15	23.73	22.19	20.81	22.23	22.26
16	23.82	23.73	22.84	24.34	23.67
17	23.97	23.70	22.65	24.39	23.67
18	24.80	24.21	23.87	26.19	24.95
19	26.58	24.80	23.36	23.49	24.48
20	24.83	23.28	22.02	21.67	22.84
21	18.58	16.62	15.82	21.55	18.65
22	25.52	24.57	23.00	23.38	23.97
23	22.55	19.91	18.80	21.77	21.04
24	23.74	22.04	20.62	22.01	22.12
25	21.75	20.74	20.13	20.15	20.68
26	22.67	20.89	20.21	22.41	21.76
27	30.76	29.89	29.13	31.41	30.43
28	34.96	34.12	33.01	33.13	33.70
29	31.23	28.64	27.12	28.30	28.88
30	26.16	24.67	23.34	24.00	24.50

PRESSION ATMOSPHÉRIQUE (700 *mm* +)

CORDOBA, 1883

Décembre

Tab. I, 12

DATES	7 a.	12 m.	2 p.	9 p.	MOYENNE
1	22.41	20.12	18.69	19.14	20.08
2	25.21	25.62	25.19	26.61	25.67
3	29.68	29.77	28.68	29.08	29.15
4	28.86	27.58	26.51	27.40	27.59
5	28.46	27.80	26.68	27.05	27.40
6	27.43	25.73	24.83	26.78	26.35
7	27.79	26.96	26.01	27.50	27.10
8	26.77	24.99	23.90	24.37	25.01
9	24.44	23.12	21.92	22.40	22.92
10	22.64	20.81	20.26	21.79	21.56
11	26.51	26.27	25.13	25.19	25.61
12	26.50	23.26	21.49	24.87	24.29
13	25.47	23.93	23.20	24.36	24.34
14	23.91	22.57	21.56	21.96	22.48
15	24.48	23.68	22.76	23.25	23.50
16	23.93	26.78	27.60	24.93	25.49
17	26.26	24.99	23.72	22.75	24.24
18	25.06	23.74	22.79	22.98	23.61
19	23.69	23.12	22.53	23.16	23.13
20	22.86	23.10	22.02	24.67	23.18
21	26.50	27.15	26.26	26.25	26.34
22	25.49	22.55	20.96	19.19	21.88
23	23.64	23.79	23.30	24.00	23.65
24	25.81	24.39	23.57	23.74	24.37
25	22.07	22.33	21.93	25.78	23.26
26	26.11	24.99	23.61	23.31	24.34
27	23.53	21.17	20.09	19.86	21.16
28	18.97	20.73	20.96	24.58	21.50
29	27.78	27.06	26.61	27.93	27.44
30	28.79	27.16	25.96	26.03	26.93
31	27.53	27.48	26.45	27.72	27.23

PRESSION ATMOSPHÉRIQUE (700 mm. +)

RÉSUMÉ PAR DÉCADES

CORDOBA, 1883

Altitude du baromètre 406m

Tab. II

MOIS	DÉCADES	7 a.	12 m.	2 p.	9 p.	MOYENNE
Janvier	1	23.91	22.55	21.44	21.76	22.37
	2	26.05	25.14	24.25	25.97	25.42
	3	27.26	26.20	25.33	26.54	26.38
Février	1	26.89	25.90	24.81	25.91	25.87
	2	26.78	26.28	25.35	26.02	26.05
	3	25.15	24.68	23.71	24.73	24.53
Mars	1	25.51	23.78	22.55	24.04	24.03
	2	28.66	28.37	27.34	28.35	28.12
	3	23.57	22.83	21.52	23.51	22.87
Avril	1	30.03	29.03	27.65	28.92	28.87
	2	27.46	26.62	25.24	26.04	26.25
	3	29.99	29.80	28.87	30.55	29.80
Mai	1	27.55	26.72	25.73	27.12	26.80
	2	25.29	24.62	23.42	26.20	24.97
	3	32.05	31.50	30.62	32.41	31.69
Juin	1	26.99	26.22	25.01	27.21	26.40
	2	26.08	25.93	24.95	27.37	26.13
	3	29.00	28.33	27.22	28.80	28.34
Juillet	1	28.45	27.86	26.78	29.03	28.09
	2	29.93	29.12	28.43	30.15	29.50
	3	33.70	33.22	31.92	33.78	33.14
Août	1	29.71	28.66	27.57	29.13	28.80
	2	32.89	32.01	30.69	33.35	32.31
	3	30.11	29.22	27.65	29.93	29.26
Septembre	1	31.54	31.32	30.17	32.55	31.42
	2	31.61	30.29	28.89	30.76	30.42
	3	28.93	27.17	25.76	27.68	27.46
Octobre	1	27.78	26.50	25.17	28.38	27.21
	2	27.19	25.60	24.13	26.14	25.81
	3	28.56	27.36	26.15	27.89	27.53
Novembre	1	25.84	24.64	23.41	24.47	24.57
	2	25.51	24.34	23.27	24.82	24.53
	3	25.79	24.21	23.12	24.81	24.57
Décembre	1	26.37	25.25	24.27	25.21	25.28
	2	24.87	24.14	23.28	23.81	23.99
	3	25.11	24.44	23.61	24.40	24.37

PRESSION ATMOSPHÉRIQUE (*700 mm.* +)

RÉSUMÉ PAR MOIS ET SAISONS

CORDOBA, 1883

Altitude de baromètre 406m

Tab. III

MOIS	7 a.	12 m.	2 p.	9 p.	MOYENNE
Janvier ...	25.79	25.33	23.73	24.81	24.78
Février ...	26.36	25.69	24.69	25.61	25.55
Mars......	25.84	24.92	23.73	25.25	24.94
Avril	29.16	28.48	27.25	28.50	28.30
Mai.......	28.42	27.74	26.72	28.70	27.95
Juin......	27.35	26.83	25.73	27.79	26.96
Juillet	30.79	30.17	29.14	31.08	30.33
Août......	30.91	29.94	28.60	30.77	30.40
Septembre.	30.69	29.59	28.27	30.33	29.76
Octobre...	27.87	26.51	25.27	27.48	26.87
Novembre.	25.71	24.39	23.27	24.70	24.56
Décembre.	25.44	24.60	23.72	24.47	24.54
Été.......	25.86	25.21	24.05	24.96	24.96
Automne..	27.81	27.05	25.90	27.48	27.06
Hiver.....	29.68	28.98	27.82	29.88	29.13
Printemps.	28.09	26.83	25.60	27.50	27.06
Année	27.86	27.02	25.84	27.46	27.05

PRESSIONS ATMOSPHÉRIQUES EXTRÊMES

D'ENTRE LES OBSERVATIONS FAITES A 7 A., 2 P. ET 9 P.

CORDOBA, 1883

Tab. IV

MOIS OU SAISON	MÁXIMA 700 mm. +	DATE ET HEURE	MINIMA 700 mm. +	DATE ET HEURE	AMPLITUDE
Janvier ...	36.87	27 ; 7 a.	15.82	4; 2 p.	21.05
Février....	32.52	28; 9 p.	17.86	10; 2 p.	14.66
Mars......	34.72	1 ; 7 a.	16.91	29; 2 p.	17.81
Avril	35.10	24 ; 7 a.	17.08	23; 7 a.	18.02
Mai.......	38.20	26 ; 7 a.	13.61	11; 2 p.	24.59
Juin......	38.17	20; 9 p.	17.67	13; 2 p.	20.50
Juillet	39.04	21 ; 9 p.	17.58	4; 2 p.	21.46
Août......	40.08	19; 7 a.	19.53	30; 2 p.	20.55
Septembre.	38.55	10; 7 a.	19.29	18; 2 p.	19.26
Octobre...	32.65	12; 7 a.	16.64	16; 2 p.	16.01
Novembre.	34.96	28; 7 a.	14.35	9; 2 p.	20.61
Décembre.	29.68	3; 7 a.	18.69	1; 2 p.	10.99
Moyenne..	35.88	—	17.09	—	18.79
Été.......	36.87	27. I; 7 a.	15.82	4. I; 2 p.	21.05
Automne..	38.20	26. V; 7 a.	13.61	11. V; 2 p.	24.59
Hiver.....	40.08	19. VIII; 7a.	17.58	4. VII; 2 p.	22.50
Printemps.	38.55	10. IX; 7a.	14.35	9. XI; 2 p.	24.20
Année	40.08	19. VIII; 7a.	13.61	11. V; 2 p.	26.47

TEMPÉRATURES OBSERVÉES A CORDOBA

Janvier, 1883

Tab. V, 1.

DATES	7 a.	12 m.	2 p.	9 p.	$T = \frac{7+2+9}{3}$	M	m.	$T_1 = \frac{M+m}{2}$	$T - T_1$
1	19.0	36.8	38.4	24.8	27.40	38.7	12.3	25.55	+ 1.85
2	19.7	—	35.7	24.0	26.47	37.1	14.9	26.00	+ 0.47
3	26.7	39.5	39.2	28.9	31.60	39.6	19.0	29.30	+ 2.30
4	30.9	40.1	40.6	31,1	34.20	41.2	20.0	30.60	+ 3.60
5	26.4	—	30.2	24.5	27.03	32.3	26.0	29.15	— 2.12
6	22.5	32.1	32.6	25.0	26.70	33.4	19.5	26.45	+ 0.25
7	22.2	—	35.4	30.4	29.33	32.0	19.5	25.75	+ 3.58
8	19.5	—	27.6	22.1	23.07	30.8	19.5	25.15	— 2.08
9	20.3	—	33.8	24.6	26.23	34.0	17.5	25.75	+ 0.48
10	22.6	34.9	35.8	24.3	27.57	36.1	20.0	28.05	— 0.48
11	17.2	16.7	17.0	14.5	16.23	18.4	16.2	17.30	— 1.07
12	14.0	19.8	21.7	17.5	17.73	22.9	12.7	17.80	— 0.07
13	14.7	25.8	27.5	20.1	20.77	28.6	11.9	20.25	+ 0.52
14	18.4	31.3	31.1	23.3	24.27	31.9	13.7	22.80	+ 1.47
15	14.8	18.8	20.8	14.7	16.77	21.4	14.6	18.00	— 1.23
16	12.9	24.5	25.1	18.9	18.97	25.5	8.5	17.00	+ 1.97
17	18.7	27.4	29.1	22.1	23.30	30.2	10.7	20.45	+ 2.85
18	20.9	32.7	32.6	26.5	26.67	33.7	16.1	24.90	+ 1.77
19	25.6	35.2	36.2	18.6	26.80	37.2	21.6	29.40	— 2.60
20	18.1	25.7	27.1	16.8	20.67	28.0	12.8	20.40	+ 0.27
21	16.6	27.7	28.7	22.4	22.57	29.4	9.1	19.25	+ 3.32
22	17.2	28.0	26.5	20.1	21.27	29.4	12.0	20.70	+ 0.57
23	18.1	33.4	34.2	24.9	25.73	34.4	14.5	24.45	+ 1.28
24	21.6	33.9	30.4	20.1	24.03	35.2	15.5	25.35	— 1.32
25	19.4	29.2	30.2	20.9	23.50	30.9	13.3	22.10	+ 1.40
26	17.6	30.3	29.7	23.7	23.67	31.4	14.0	22.70	+ 0.97
27	17.9	18.1	16.4	14.2	16.17	18.9	16.8	17.85	— 0.68
28	15.3	22.3	25.0	18.0	19.43	25.9	13.3	19.60	— 0.17
29	18.4	29.0	30.4	24.0	24.27	30.9	11.5	21.20	+ 3.07
30	19.7	31.1	28.3	18.0	22.00	33.2	16.5	24.85	— 2.85
31	14.0	19.1	21.6	14.0	16.55	21.9	13.4	17.65	— 1.10

TEMPÉRATURES OBSERVÉES A CORDOBA

Février, 1883

Tab. V. 2

DATES	7a.	12m.	2p.	9p.	$T = \frac{7+2+9}{3}$	M	m.	$T_1 = \frac{M+m}{2}$	$T - T_1$
1	10.3	25.2	25.9	17.6	17.93	26.4	7.5	16.95	+ 0.98
2	13.6	26.2	27.4	16.8	19.27	27.5	10.8	19.15	+ 0.12
3	14.0	29.4	31.2	20.7	21.97	31.4	11.4	21.40	+ 0.57
4	15.7	30.0	30.8	23.1	23.20	31.4	13.3	22.35	+ 0.85
5	18.4	30.6	31.8	25.5	25.23	32.2	14.2	23.20	+ 2.03
6	19.8	32.4	33.6	28.6	27.33	34.1	17.8	25.95	+ 1.38
7	20.3	22.2	24.1	19.4	21.27	26.3	17.4	21.85	— 0.58
8	18.2	29.2	29.0	22.2	23.13	30.2	17.4	23.80	— 0.67
9	20.7	30.2	30.5	22.5	24.57	31.5	19.5	25.50	— 0.93
10	17.7	32.7	34.0	17.0	22.90	34.4	15.2	24.80	— 1.90
11	18.1	27.0	27.6	18.9	21.53	27.8	16.3	22.05	— 0.52
12	15.9	30.9	32.1	21.9	23.30	32.2	13.1	22.65	+ 0.65
13	18.9	33.0	33.4	22.1	24.80	33.7	15.9	24.80	+ 0.00
14	19.0	32.3	31.8	25.4	25.40	33.0	16.5	24.75	+ 0.65
15	21.9	25.5	28.9	20.9	23.90	30.5	19.9	25.20	— 1.30
16	19.3	20.1	19.9	18.4	19.20	21.3	19.2	20.25	— 1.05
17	16.3	19.3	20.4	17.5	18.07	20.7	14.6	17.65	+ 0.42
18	16.4	24.7	25.3	18.0	19.90	26.4	14.3	20.35	— 0.45
19	16.6	27.0	27.9	18.7	21.07	28.5	12.9	20.70	+ 0.37
20	16.4	26.7	28.2	18.9	21.17	29.1	12.8	20.95	+ 0.22
21	17.1	27.9	30.1	19.7	22.30	30.5	12.6	21.55	+ 0.75
22	16.4	28.9	29.4	19.7	21.83	29.6	14.0	21.80	+ 0.03
23	18.7	25.7	23.2	19.2	20.37	26.7	16.1	21.40	— 1.03
24	16.5	28.2	28.8	21.5	22.27	29.9	13.9	21.90	+ 0.37
25	17.9	28.6	28.9	20.0	22.27	29.8	15.2	22.50	— 0.23
26	17.4	30.0	30.4	19.8	22.53	30.7	12.9	21.80	+ 0.73
27	20.1	33.9	34.3	29.1	27.83	36.1	17.0	26.55	+ 1.28
28	21.6	27.0	26.7	19.7	22.67	27.5	20.3	23.90	— 1.23

TEMPÉRATURES OBSERVÉES A CORDOBA

Mars, 1883

Tab. V, 3

DATES	7 a.	12m	2 p.	9 p.	$T = \frac{7+2+9}{3}$	M	m.	$T_1 = \frac{M+m}{2}$	$T - T_1$
1	14.2	25.4	27.4	20.5	20.70	28.5	11.5	20.00	+ 0.70
2	16.6	32.1	34.8	23.3	24.90	35.8	14.4	25.10	— 0.20
3	19.2	26.0	25.6	23.4	22.73	26.8	17.4	22.10	+ 0.63
4	15.6	32.3	33.5	22.8	23.97	34.0	13.6	23.80	+ 0.17
5	18.2	27.6	27.3	22.1	22.53	28.7	17.8	23.25	— 0.72
6	19.4	32.8	33.6	24.8	25.93	34.5	16.6	25.55	+ 0.38
7	20.1	29.4	30.1	21.5	23.90	30.5	19.9	25.20	— 1.30
8	17.8	32.7	33.4	24.9	25.37	33.5	16.0	24.75	+ 0.62
9	18.3	32.2	32.0	17.9	22.73	33.5	16.8	25.15	— 2.42
10	14.7	16.8	17.6	15.9	16.07	17.6	14.3	15.95	+ 0.12
11	13.5	21.3	21 0	15.2	16.57	21.8	11.2	16.50	+ 0.07
12	11.1	22.8	22.6	17.5	17.07	23.9	9.5	16.70	+ 0.37
13	15.0	20.5	21.6	15.3	17.30	22.3	14.3	18.30	— 1.00
14	14.0	21.3	21.3	12.7	16.00	22.3	13.1	17.70	— 1.70
15	8.9	24.5	26.0	14.5	16.47	26.5	7.0	16.75	— 0.28
16	13.5	23.5	24.9	16.2	18.20	25.9	10.2	18.05	+ 0.15
17	11.5	27.5	28.3	19.9	20.03	28.9	9.8	19.35	+ 0.68
18	15.4	29.0	29.1	20.5	21.67	29.9	13.4	21.65	+ 0.02
19	17.2	31.7	32.4	21.5	23.70	32.6	15.3	23.95	— 0.25
20	20.1	24.1	25.4	21.2	22.23	27.0	19.1	23.05	— 0.82
21	18.9	20.9	23.3	21.1	21.10	24.6	18.5	21.55	— 0.45
22	18.7	21.3	23.4	13.2	18.43	23.8	16.6	20.20	— 1.77
23	10.0	27.8	29.5	20.0	19.83	29.6	7.0	18.30	+ 1.53
24	14.7	28.9	30.2	23.2	22.70	30.5	12.7	21.60	+ 1.10
25	19.4	34.4	37.5	26.7	27.87	37.9	17.5	27.70	+ 0.17
26	22.0	32.0	33.2	22.7	25.97	33.2	19.6	26.40	— 0.43
27	15.1	24.2	22.5	19.8	19.13	22.7	12.1	17.40	+ 1.73
28	19.6	27.5	30.3	24.0	24.63	30.8	18.1	24.45	+ 0.18
29	23.4	34.3	33.8	21.5	26.23	36.1	22.5	29.30	— 3.07
30	16.9	30.7	33.5	21.6	24.00	33.8	14.8	24.30	— 0.30
31	13.0	15.1	18.7	13.8	15.17	20.1	12.8	16.45	— 1.28

TEMPÉRATURES OBSERVÉES A CORDOBA

Avril, 1883

Tab. V, 4

DATES	7 a.	12m.	2 p.	9 p.	$T = \frac{7+2+9}{3}$	M	m.	$T_1 = \frac{M+m}{2}$	$T - T_1$
1	10.1	19.6	20.5	9.6	13.40	21.2	8.5	14.85	−1.45
2	7.0	21.5	22.8	11.6	13.80	23.0	4.3	13.65	+0.15
3	8.1	22.3	22.9	11.6	14.20	23.5	6.1	14.80	−0.60
4	6.6	22.6	23.3	12.4	14.10	24.2	4.3	14.25	−0.15
5	9.6	21.6	21.9	13.6	15.03	24.6	8.3	16.45	−1.42
6	12.7	24.8	24.8	14.8	17.43	25.5	11.8	18.65	−1.22
7	8.8	25.1	26.5	14.7	16.67	27.1	7.1	17.10	−0.43
8	10.3	28.1	28.5	17.0	18.60	29.2	8.5	18.85	−0.25
9	13.2	30.4	30.7	20.5	21.47	31.6	11.0	21.30	+0.17
10	17.8	30.9	30.7	23.1	23.87	31.6	16.9	24.25	−0.38
11	18.3	31.8	32.4	24.5	25.07	33.3	17.0	25.15	−0.08
12	15.4	22.0	22.7	11.8	16.63	24.0	14.5	19.25	−2.62
13	11.6	19.3	21.7	12.9	15.40	23.7	8.3	16.00	−0.60
14	6.1	26.6	28.7	13.7	16.17	29.9	5.1	17.50	−1.33
15	8.9	27.2	29.3	13.9	17.37	30.3	6.0	18.15	−0.78
16	17.3	26.2	27.1	12.6	19.00	27.8	8.1	17.95	+1.05
17	15.0	27.0	28.8	18.9	20.90	30.2	7.5	18.85	+2.05
18	12.4	17.6	19.9	4.6	12.30	20.9	12.0	16.45	−4.15
19	0.8	20.6	22.9	9.6	11.10	23.9	−1.6	11.15	−0.05
20	3.0	25.9	26.7	9.4	13.03	28.2	1.0	14.60	−1.57
21	3.3	26.8	26.7	16.1	15.37	28.4	2.0	15.20	+0.17
22	13.0	15.4	13.7	10.2	12.30	18.4	11.9	15.15	−2.85
23	4.9	19.6	17.0	9.4	10.43	24.3	3.3	13.80	−3.37
24	1.6	12.9	14.3	0.6	5.50	15.1	0.5	7.80	−2.30
25	−4.0	18.7	19.6	3.3	6.30	20.6	−5.7	7.45	−1.15
26	−1.8	23.3	24.6	11.0	11.27	25.0	−3.5	10.75	+0.52
27	−0.2	25.7	26.2	6.8	10.93	27.8	−1.5	13.15	−2.22
28	1.1	21.7	23.5	9.6	11.40	24.3	−0.8	11.75	−0.35
29	8.1	21.1	20.0	13.1	13.73	21.6	7.2	14.40	−0.67
30	10.7	11.6	12.0	11.4	11.37	12.5	10.0	11.25	+0.12

TEMPÉRATURES OBSERVÉES A CORDOBA

Mai, 1883

Tab. V, 5

DATES	7 a.	12m.	2 p.	9 p.	T = $\frac{7+2+9}{3}$	M	m.	$T_1 = \frac{M+m}{2}$	$T - T_1$
1	8.5	14.1	19.1	12.0	13.20	19.9	5.6	12.75	+0.45
2	15.3	23.8	23.8	27.4	18.83	25.3	11.8	18.55	+0.28
3	12.6	26.8	30.5	20.4	21.17	30.9	11.6	21.25	—0.08
4	12.6	24.6	26.1	16.9	18.53	26.8	11.3	19.05	—0.52
5	15.0	20.7	24.1	17.1	18.73	24.5	12.1	18.30	+0.43
6	13.9	20.7	22.7	10.2	15.60	23.3	12.7	18.00	—2.40
7	10.6	19.2	21.8	16.7	16.37	21.8	8.6	15.20	+1.17
8	11.2	13.8	15.9	12.2	13.10	16.5	10.9	13.70	—0.60
9	11.0	15.9	16.4	13.9	13.77	17.5	8.7	13.10	+0.67
10	13.8	21.4	21.1	17.3	17.40	21.9	12.8	17.35	+0.05
11	15.7	27.8	28.4	19.5	21.20	29.2	15.2	22.20	—1.00
12	15.0	23.4	23.0	14.4	17.47	24.9	14.5	19.70	—2.23
13	8.0	10.4	11.2	7.9	9.03	11.5	7.5	9.50	— 0.47
14	0.6	17.6	18.5	8.2	9.10	19.4	—0.2	9.60	—0.50
15	8.8	16.6	18.8	10.2	12.60	20.2	4.8	12.50	+0.10
16	3.3	23.5	23.4	11.6	12.77	23.6	2.3	12.95	—0.18
17	14.0	22.2	24.7	12.9	17.20	25.1	11.4	18.25	— 1.05
18	11.4	21.4	23.4	18.5	17.77	25.0	8.4	16.70	+1.07
19	13.2	13.0	14.8	11.8	13.27	14.8	13.0	13.90	— 0.63
20	10.2	17.5	18.4	10.6	13.07	19.3	7.1	13.20	—0.13
21	5.4	15.8	14.7	5.4	8.50	17.8	3.2	10.50	—2.00
22	2.8	18.4	16.2	9.7	9.57	19.2	1.1	10.15	—0.58
23	3.0	16.7	17.6	7.7	9.43	18.1	2.4	10.25	—0.82
24	1.0	23.3	24.7	12.2	12.63	25.5	—0.2	12.65	—0.02
25	7.1	11.9	13.8	0.9	7.27	14.2	6.6	10.40	—3.13
26	—4.0	12.0	12.5	1.6	3.37	13.3	—4.5	4.40	—1.03
27	1.1	16.1	18.2	5.6	8.30	18.5	—2.6	7.95	+0.35
28	2.5	18.4	19.4	8.1	10.00	19.8	0.2	10.00	+0.00
29	2.4	22.4	22.5	12.5	12.47	23.3	1.3	12.30	+0.17
30	2.3	23.0	25.0	7.5	11.60	25.6	1.3	13.45	— 1.85
31	2.0	16.9	17.7	9.0	9.90	18.3	2.7	10.50	—0.60

TEMPÉRATURES OBSERVÉES A CORDOBA

Juin, 1883

Tab. V, 6

DATES	7 a.	12m.	2 p.	9 p.	T = (7+2+9)/3	M	m.	T₁ = (M + m)/2	T — T₁
1	10.2	21.8	23.7	15.3	16.40	24.7	6.9	15.80	+0.60
2	9.0	23.8	22.0	13.5	14.83	24.2	7.3	15.75	—0.92
3	2.2	19.6	20.5	4.3	9.00	21.3	2.0	11.65	—2.65
4	1.8	22.9	23.4	8.2	11.13	24.0	—5.0	9.50	+1.63
5	—0.9	25.1	26.5	11.4	12.33	26.9	—1.1	12.90	—0.57
6	2.7	25.0	24.5	14.5	13.90	25.0	2.0	13.50	+0.40
7	4.0	25.3	25.3	14.6	14.63	26.0	3.4	14.70	—0.07
8	9.4	24.9	25.1	14.5	16.33	27.0	8.8	17.90	—1.57
9	3.9	22.3	22.8	7.8	11.50	23.2	3.2	13.20	—1.70
10	1.6	25.1	25.7	11.2	12.83	26.6	0.3	13.45	—0.62
11	3.4	26.0	26.7	15.0	15.03	27.1	3.2	15.15	—0.12
12	6.4	22.6	23.5	14.3	14.73	23.6	5.7	14.65	+0.08
13	13.1	20.5	24.7	17.4	18.40	25.2	12.4	18.80	—0.40
14	17.0	25.3	25.9	17.7	20.20	26.3	15.5	20.90	— 0.70
15	11.1	11.7	12.5	9.9	11.17	12.6	10.9	11.75	—0.58
16	8.3	10.4	11.6	7.5	9.13	11.6	8.1	9.85	— 0.72
17	5.6	9.3	9.8	6.2	7.20	10.4	5.4	7.90	— 0.70
18	5.2	8.4	8.8	6.8	6.93	9.3	5.0	7.15	—0.22
19	3.8	9.1	10.3	4.1	6.07	10.8	0.1	5.45	+0.62
20	—1.1	8.7	9.0	5.6	4.50	9.6	—2.0	3.80	+0.70
21	4.2	7.6	9.0	2.0	5.07	10.1	4.0	7.05	—1.98
22	—4.6	[illegible]	10.0	—1.6	1.27	11.5	—5.0	3.25	—1.98
23	—5.6	1 .	14.4	3.2	4.00	14.8	—6.3	4.25	—0.25
24	5.6	1 .	18.9	6.9	10.47	19.1	—3.4	7.85	+2.62
25	—0.3	1 .	18.3	5.8	7.93	18.7	—0.5	9.10	—1.17
26	8.0	1 .	11.0	9.5	9.50	11.5	5.4	8.45	+1.05
27	5.8	1 .	15.3	2.8	7.97	15.7	5.6	10.65	—2.68
28	—0.6	1 .	18.4	6.2	8.00	18.7	—1.2	8.75	—0.75
29	—0.8	2 .	20.9	4.1	8.07	24.1	—1.0	11.55	—3.48
30	— .	2..	23.0	7.5	9.97	23.6	—1.2	11.20	—1.23

IPÉRATURES OBSERVÉES A CORDOBA

Juillet, 1883

Tab. V, 7

12m.	2 p.	9 p.	T = $\frac{7+2+9}{3}$	M	m.	$T_1 = \frac{M+m}{2}$	$T - T_1$
23.5	24.2	9.7	11.37	24.7	—0.2	12.25	—0.88
24.6	25.5	13.4	13.63	26.1	1.5	13.80	—0.17
21.3	25.5	16.7	17.13	25.9	8.8	17.35	—0.22
26.6	27.4	14.6	17.57	28.5	10.3	19.40	—1.83
16.2	16.6	14.2	14.07	16.7	9.8	13.25	+0.82
13.4	12.8	8.8	11.47	13.5	11.1	12.30	—0.83
10.7	11.5	8.3	9.20	11.6	7.5	9.55	—0.35
12.7	13.2	6.2	6.87	14.1	0.9	7.50	—0.63
7.8	7.6	5.2	5.93	8.1	4.5	6.30	—0.37
8.4	9.0	6.5	6.83	9.3	4.7	7.00	—0.17
12.4	14.1	3.7	5.67	15.3	—1.3	7.00	—1.33
14.0	15.0	7.8	8.47	15.3	1.1	8.20	+0.27
22.0	23.8	8.1	10.77	24.4	—0.1	12.15	—1.38
17.0	18.4	5.1	11.23	18.7	3.0	10.85	+0.38
17.8	18.5	14.2	14.60	20.1	1.3	10.70	+3.90
27.0	27.3	16.6	19.10	27.9	12.8	20.35	—1.25
		18.8	20.23	29.7	11.6	20.65	—0.42
25.2	26.5	14.8	18.43	27.1	13.7	20.40	—1.97
18.6	17.5	10.8	11.57	19.1	6.0	12.55	—0.98
11.9	12.3	5.8	8.37	12.8	6.8	9.80	—1.43
10.4	11,7	—1.0	3.17	12.6	—2.6	5.00	—1.83
9.6	11 1	2.2	4.93	11.2	—5.3	2.95	+1.98
8.6	9 2	5.3	4.03	9.6	—2.7	3.45	+0.58
6.0	5 4	— .8	2.27	6.1	1.6	3.85	—1.58
11.4	13 5	.4	3.23	13.8	- 6.6	3.60	—0.37
16.4	17 4	.0	8.53	18.2	—2.9	7.65	+0.88
20.6	22 1	1 .2	12.57	22.5	—0.7	10.90	+1.67
3.8	15 2	.6	6.07	15.8	0.8	8.30	—2.23
4.9	16 1	.6	6.00	17.2	—4.4	6.40	—0.40
15.1	16 1	— .0	5.23	16.9	—2.9	7.00	—1.77
13.1	15 0	.2	4.60	15.4	—6.0	4.70	—0.10

TEMPÉRATURES OBSERVÉES A CORDOBA

Août, 1883

Tab. V, 8

DATES	7 a.	12 m.	2 p.	9 p.	$T = \frac{7+2+9}{3}$	M	m.	$T_1 = \frac{M+m}{2}$	$T - T_1$
1	3.0	14.2	15.4	5.7	8.03	15.8	1.8	8.80	—0.77
2	2.4	16.8	18.4	6.4	9.07	18.6	1.6	10.10	—1.03
3	3.5	16.6	19.7	6.8	10.00	20.3	2.7	11.50	—1.50
4	1.4	18.0	20.4	9.6	10.47	21.0	1.2	11.10	—0.63
5	5.7	18.8	17.7	7.6	10.33	22.0	5.0	13.50	—3.17
6	1.1	17.1	18.0	6.4	8.50	18.8	0.1	9.45	—0.95
7	—1.2	20.6	21.4	8.2	9.47	22.1	—2.1	10.00	—0.53
8	—2.2	22.7	22.7	12.4	10.97	23.7	—3.2	10.25	+0.72
9	2.0	22.4	24.8	12.1	12.97	24.9	1.5	13.20	—0.23
10	2.4	25.0	24.8	13.8	13.67	26.6	1.8	14.20	—0.53
11	11.0	27.2	27.0	14.6	17.53	28.2	10.5	19.35	—1.82
12	5.4	20.4	22.8	13.2	13.80	23.3	4.8	14.05	—0.25
13	13.4	27.3	25.4	13.9	17.57	28.6	10.5	19.55	—1.98
14	4.8	18.1	18.8	7.6	10.40	19.5	4.4	11.95	—1.55
15	9.3	23.5	24.8	11.5	15.20	25.1	4.6	14.85	+0.35
16	6.0	17.2	19.5	10.5	12.00	19.7	4.8	12.25	- 0.25
17	1.8	13.3	14.4	2.8	6.33	15.4	0.5	7.95	—1.62
18	—3.1	13.4	15.8	3.8	5.50	16.0	—4.0	6.00	—0.50
19	—2.6	14.8	16.1	5.0	6.17	16.4	—3.6	6.40	—0.23
20	—0.4	15.5	17.2	7.2	8.00	17.6	—1.8	7.90	+0.10
21	6.0	20.2	21.3	13.2	13.50	22.0	4.6	13.30	+0.20
22	2.9	22.6	23.0	9.8	11.90	24.2	1.7	12.95	—1.05
23	8.7	18.8	19.1	9.3	12.37	19.8	7.6	13.70	—1.33
24	1.0	17.1	19.2	6.6	8.93	19.6	0.2	9.90	—0.97
25	4.0	16.4	17.6	5.6	9.07	18.1	0.5	9.30	—0.23
26	0.3	17.4	17.4	6.9	8.20	19.4	—3.3	8.05	+0.15
27	2.1	15.2	15.8	5.5	7.80	16.4	—0.8	7.80	+0.00
28	-1.3	18.0	20.4	8.7	9.27	21.4	—3.0	9.20	+0.07
29	0.6	21.7	22.4	14.8	12.60	23.0	—0.4	11.30	+1.30
30	7.2	31.2	32.7	18.1	19.33	32.8	6.6	19.70	—0.37
31	10.3	23.6	26.8	16.1	17.73	27.7	8.9	18.30	—0.57

MPÉRATURES OBSERVÉES A CORDOBA

Septembre, 1888

Tab. V, 9

12m.	2 p.	9 p.	T = (7+2+9)/3	M	m.	T_1 = (M+m)/2	T — T_1
17.6	18.2	16.2	15.53	19.4	10.9	15.15	+0.38
14.4	15.0	11.	12.63	15.4	11.6	13.50	—0.87
15.4	15.6	9.2	10.83	16.8	7.3	12.05	—1.22
16.2	15.4	9.2	10.73	17.1	7.0	12.05	—1.32
13.1	15.6	8.8	10.53	16.4	6.2	11.30	—0.77
21.0	21.9	13.8	12.60	22.2	—0.2	11.00	+1.60
15.8	16.9	10.	11.63	18.3	4.2	11.25	+0.38
13.2	13.0	8.5	9.63	13.7	7.0	10.35	—0.72
17.6	19.2	8.0	11.90	20.1	6.1	13.10	—1.20
15.4	17.8	6.0	9.47	18.9	2.7	10.80	—1.33
19.8	21.7	7.5	9.87	22.2	—0.8	10.70	—0.83
23.	24.8	10.0	13.03	25.2	—0.7	12.25	+0.78
25.	25.	12.2	14.53	26.4	2.6	14.50	+0.03
22.	23.4	13.5	14.77	24.0	2.4	13.20	+1.57
19.	20.7	10.7	12.73	21.4	3.2	12.30	+0.43
21.	24.2	18.8	15.07	24.2	3.1	13.65	+1.42
27.	29.1	2 .	20.37	29.5	9.5	19.50	+0.87
30.	31.8	2 .	23.60	32.2	16.0	24.10	—0.50
13.	14.4	1 .	13.70	15.0	14.1	14.55	—0.85
18.4	19.6	.	11.73	20.4	1.7	11.05	+0.68
18.6	21.6	9.3	11.33	22.4	—1.0	10.70	+0.63
22.6	24.0	13.2	15.57	24.7	5.9	15.30	+0.27
28.0	28.4	19.3	18.63	29.2	4.3	16 75	+1.88
29.2	30.2	20.0	21.07	30.5	10.4	20.45	+0.62
24.3	24.0	14.5	17.77	25.5	13.4	19.45	—1.68
16.2	17.9	10.2	13.77	18.7	12.2	15.45	—1.68
15.2	18.8	13.4	12.93	19.9	4.3	12.10	+0.83
20.6	21.2	14.6	15.23	22.0	8.3	15.15	+0.08
23.4	23.4	20.2	18.27	24.5	8.7	16.60	+1.67
22.4	23.7	16.1	18.27	24.7	14.2	19 45	—1.18

[illegible]

[illegible]

[illegible]

[illegible]	[illegible]	[illegible]	[illegible]	[illegible]	[illegible]	[illegible]	[illegible]	[illegible]
[illegible]	[illegible]	[illegible]	[illegible]	[illegible]	[illegible]	[illegible]	[illegible]	[illegible]

TEMPÉRATURES OBSERVÉES A CORDOBA

Novembre, 1883

Tab. V, 11

	12m.	2 p.	9 p.	T = (7+2+9)/3	M	m.	T_1 = (M+m)/2	$T - T_1$
13.2	21.8	23.6	17.3	18.03	24.1	12.6	18.35	−0.32
18.4	22.6	20.2	18.0	18.87	22.9	12.3	17.60	+1.27
17.4	21.4	22.0	17.4	18.93	22.3	15.4	18.85	+0.08
15.6	20.7	24.4	18.4	19.47	25.6	12.9	19.25	+0.22
20.8	27.1	28.4	21.2	23.47	28.4	14.8	21.60	+1.87
20.6	29.7	30.1	24.2	24.97	30.3	16.6	23.45	+1.52
16.6	25.0	24.5	18.2	19.77	26.1	15.5	20.80	−1.03
16.2	21.2	23.0	18.8	19.33	23.2	15.4	19.30	+0.03
22.0	29.6	31.2	24.2	25.80	31.9	17.8	24.85	+0.95
18.0	21.8	23.9	17.6	19.83	24.3	17.8	21.05	−1.22
17.0	25.4	25.5	18.4	20.30	26.1	11.6	18.85	+1.45
20 7	31 0	30.8	1[illegible]	23.70	32.6	16.9	24.75	−1.05
17 1	23 1	23.3	1 .	18.00	23.5	13.2	18.35	−0.35
16 4	24 1	25.3	1 .	19.23	25.7	8.5	17.10	+2.13
19 2	29 2	30.7	1 .	22.70	30.9	12.6	21.75	+0.95
18 2	24 4	24.4	1 .	19.47	24.8	13.8	19.30	+0.17
16 3	21 0	22.5	1 .	19.13	23.5	13.1	18.30	+0.83
17 4	25 3	25.0	1 .	19.93	25.8	13.3	19.55	+0.38
17 4	23 9	25.5	1 .	20.37	26.1	14.3	20.20	+0.17
19 0	30 6	31.5	2[illegible]	24.27	31.7	12.1	21.90	+2.37
25.7	32.5	34.4	23.1	27.73	34.6	17.0	25.80	+1.93
17.0	20.8	22.[illegible]	19.1	19.43	23.1	16.6	19.85	−0 42
1[illegible].4	27.1	27.	19.2	21.83	28.9	16.1	22.50	−0.67
1 .2	23.8	24.	20.0	20.60	25.2	16.0	20.60	0
20.2	24.4	15.	15.4	16.87	28.2	17.6	22.90	−6.03
15.8	25.8	26.	21.8	21.37	27.1	14.7	20.90	+0.47
12.4	19.1	20.	13.2	15.40	21.4	12.0	16.70	−1.30
16.8	23.8	23.	15.9	18.87	24.5	12.2	18.35	+0.52
16.9	23.7	24.	16.7	19.47	25.1	11.9	18.50	+0.97
19.8	29.9	30.	22.1	24.20	30.9	12.8	21.85	+2.35

TEMPÉRATURES OBSERVÉES A CORDOBA

Décembre, 1883

Tab. V, 12

DATES	7a.	12m.	2 p.	9 p.	$T = \frac{7+2+9}{3}$	M	m.	$T_1 = \frac{M+m}{2}$	$T - T_1$
1	19.2	30.6	30.8	23.2	24.40	31.9	14.8	23.35	+1.05
2	18.6	24.9	26.2	18.9	20.93	26.4	13.9	20.15	+0.78
3	16.4	24.0	25.2	18.8	20.13	25.8	13.2	19.50	+0.63
4	19.8	30.7	31.2	21.4	24.13	31.8	15.6	23.70	+0.43
5	19.5	30.6	30.7	21.2	23.80	30.9	14.5	22.70	+1.10
6	20.2	29.6	30.0	21.8	24.00	30.5	16.3	23.40	+0.60
7	22.4	30.1	30.6	22.2	25.07	31.0	15.8	23.40	+1.67
8	22.5	31.9	32.7	23.0	26.07	33.0	17.5	25.25	+0.82
9	23.6	33.4	33.4	22.4	26.47	33.6	18.0	25.80	+0.67
10	23.4	32.2	32.7	23.1	26.40	32.8	18.3	25.55	+0.85
11	21.0	24.3	25.3	21.8	22.70	27.6	19.7	23.65	−0.95
12	17.2	28.3	29.3	18.6	21.70	29.5	16.7	23.10	−1.40
13	16.8	20.8	25.0	19.8	20.53	26.4	15.3	20.85	−0.32
14	17.8	27.6	28.5	20.8	22.37	28.9	14.9	21.90	+0.47
15	19.8	29.1	28.4	19.5	22.57	30.2	16.7	23.45	−0.88
16	23.6	16.8	18.6	16.9	19.70	29.4	16.4	22.90	−3.20
17	18.0	25.8	27.0	22.5	22.50	27.8	15.6	21.70	+0.80
18	20.6	27.8	28.4	22.6	23.87	29.5	17.5	23.50	+0.37
19	19.4	24.8	23.2	22.6	21.73	25.3	18.3	21.80	−0.07
20	19.4	26.6	27.8	24.1	23.87	28.9	16.8	22.85	+1.02
21	19.4	26.0	26.8	21.2	22.47	27.8	18.0	22.90	−0.43
22	22.4	27.2	26.9	22.6	23.97	28.8	19.9	24.35	−0.38
23	17.0	26.3	26.0	17.8	20.27	28.8	16.6	22.70	−2.43
24	17.0	25.2	26.2	19.8	21.00	26.7	11.9	19.30	+1.70
25	19.8	23.8	23.4	17.8	20.33	26.2	14.4	20.30	+0.03
26	17.6	23.2	25.0	17.1	19.90	25.3	11.5	18.40	+1.50
27	19.6	26.6	26.6	23.4	23.20	27.7	14.1	20.90	+2.30
28	21.5	21.4	21.6	17.4	20.17	23.7	17.4	20.55	−0.38
29	17.3	23.6	24.0	15.0	18.77	24.3	13.8	19.05	−0.28
30	17.0	24.9	26.0	17.0	20.00	26.8	9.0	17.90	+2.10
31	17.2	28.3	29.0	19.9	22.03	29.8	10.8	20.30	+1.73

TEMPÉRATURES MOYENNES

CORDOBA. 1883

RÉSUMÉS DÉCADIQUES

Tab. VI

TEMPÉRATURES MOYENNES

7 a.	12 m.	2 p.	9 p.	[illegible] (T)	M	m.	$\frac{M+m}{2}$ (T_1)	$T - T_1$
22.98	31.29	34.93	25.97	27.96	35.52	18.82	27.17	+0
17.53	25.79	26.82	19.30	21.22	27.78	13.88	20.83	+0
17.80	27.16	27.10	20.03	21.71	29.23	13.63	21.43	+0
16.87	28.81	29.83	21.34	22.68	30.54	14.15	22.50	+0
17.88	26.63	27.55	20.07	21.83	28.32	15.55	21.94	—0.11
18.21	28.78	[illegible]	21.09	22.76	30.10	15.25	22.68	+0.08
17.11	28.73	29.53	21.71	22.88	30.31	15.83	23.08	—0.20
14.06	24.62	25.26	17.45	18.92	26.11	12.29	19.20	—0.28
17.43	27.01	28.74	20.69	22.28	29.37	15.66	22.54	- 0.23
10.12	24.09	25.26	14.89	16.86	26.15	8.68	17.42	—0.56
10.88	21.42	26.02	13.19	16.70	27.22	7.79	17.54	—0.81
3.67	19.68	19.76	9.15	10.86	21.80	2.34	12.07	—1 21
12.45	20.10	22.15	15.41	16.67	22.84	10.61	16.73	—0.06
10.02	19.34	20.46	12.56	14.35	21.30	8.40	14.85	—0.50
2.42	17.72	18.39	7.29	9.37	19.42	1.05	10.23	—0.86
4.39	23.58	23.95	11.53	13.29	24.89	2.78	13.84	—0.55
7.28	15.20	16.28	10.45	11.34	16.65	6.43	11.54	—0 20
1.11	15.12	15.92	4.64	7.22	16.78	—0.36	8.21	—0.99
6.53	16.52	17.33	10.36	11.41	17.85	5.89	11.87	—0.46
7.71	19.42	20.25	10.57	12.84	21.04	5.49	13.26	—0.42
0.42	12.72	13.89	3.06	5.51	14.48	—2.88	5.80	- 0.29
1.81	19.22	20.33	8.90	10.35	21.38	1.04	11.21	—0.86
4.56	19.07	20.18	9.01	11.25	20.98	3.07	12.02	—0.77
3.80	20.20	21.43	10.42	11.88	22.22	2.05	12.13	- 0.25
7.68	15.97	16.86	10.11	11 55	17.83	6.28	12.06	—0.51
8.32	22.13	23.49	13.01	14.96	24.05	5.11	14.58	+0.36
45	22.05	23.32	15.08	16.28	24.21	8.07	16.14	+0.14
54	23.15	24.17	17.55	19.09	26.32	13.46	19.89	—0.80
42	23.16	24.11	16.89	18.81	24.95	12.52	18.74	+0 07
11.66	19.35	20.24	13.83	15.24	20.95	8.45	14.70	+0.34
17.88	24.09	25.13	19.53	20.85	25.91	15.11	20.51	+0.34
17.87	25.80	26.45	17.81	20.74	27.07	12.94	20.00	+0.71
18.02	25.09	25.06	18.65	20.58	26.90	14.69	20.80	—0.22
20.56	29.80	30.35	21.51	24.14	30.77	15.79	23.28	+0.86
19.36	25.49	26.15	20.95	22.15	28.35	16.79	22.57	- 0.42
18.71	25.14	25.59	19.00	21.10	26.90	14.31	20.60	+0.50

TEMPÉRATURES MOYENNES

CORDOBA, 1883

RÉSUMÉS MENSUELS

Tab. VI

MOIS OU SAISON	TEMPÉRATURES MOYENNES								
	7 a.	12 m.	2 p.	9 p.	DU JOUR T	M	m.	$\frac{M+m}{2}$ (T_1)	T
Janvier ...	19.38	29.23	29.64	21.71	23.58	30.79	15.39	23.09	+
Février....	17.61	28.03	28.77	20.81	22.40	29.62	15.07	22.35	+
Mars......	16.34	26.80	27.86	19.97	21.39	28.63	14.63	21.63	−
Avril	8.32	22.93	23.68	12.41	14.80	25.06	6.27	15.67	−
Mai.......	8.11	19.01	20.27	11.61	13.33	21.13	6.50	13.82	−
Juin......	4.26	17.97	18.72	8.87	10.62	19.44	2.95	11.20	−
Juillet	4.45	16.11	17.15	7.84	9.78	17.68	2.65	10.17	−
Août......	3.40	19.52	20.67	9.47	11.18	21.55	2.05	11.80	−
Septembre.	8.82	20.05	21.22	12.73	14.26	22.03	6.49	14.26	
Octobre...	14.12	21.83	22.75	16.02	17.63	23.97	11.36	17.67	−
Novembre.	17.92	24.99	25.55	18.66	20.71	26.63	14.25	20.44	+
Décembre.	19.52	26.66	27.31	20.44	22.12	28.62	15.59	22.10	+
Été.......	18.84	27.97	28.57	20.99	22.80	29.67	15.35	22.51	+
Automne..	10.92	22.91	23.94	14.66	16.51	24.94	9.13	17.04	−
Hiver.....	4.04	17.87	18.85	8.73	10.53	19.56	2.55	11.06	−
Printemps.	13.62	22.29	23.17	15.80	17.53	24.21	10.70	17.46	+
Année	11.85	22.76	23.63	15.04	16.84	24.59	9.43	17.02	−

TEMPÉRATURES EXTRÊMES

CORDOBA, 1883

Tab. VIII

(OIS	(7 a., 2 p. et 9 p.)				(Maxima et minima)			
	MAXIMA		MINIMA		MAXIMA		MINIMA	
	Degrés	Date et heure	Degrés	Date et heure	Degrés	Date	Degrés	Date
vier ...	40.6	4 ; 2 p.	12.9	16 ; 7 a.	41.2	4	8.5	16
rier ...	34.3	27 ; 2 p.	10.3	1 ; 7 a.	36.1	27	7.5	1
's......	37.5	25 ; 2 p.	8.9	15 ; 7 a.	37.9	25	7.0	15. 23
il	32.4	11 ; 2 p.	—4.0	25 ; 7 a.	33.3	11	—5.7	25
....	30.5	3 ; 2 p.	—4.0	26 ; 7 a.	30.9	3	—4.5	26
ı......	26.7	11 ; 2 p.	—5.6	23 ; 7 a.	27.1	11	—6.3	23
let	29.1	17 ; 2 p.	—5.4	31 ; 7 a.	29.7	17	—6.6	25
.t......	32.7	30 ; 2 p.	—3.1	18 ; 7 a.	32.8	30	—4.0	18
tembre.	31.8	18 ; 2 p.	0.4	11 ; 7 a.	32.2	18	—1.0	21
›bre...	35.7	6 ; 2 p.	7.2	20 ; 9 p.	36.6	6	2.6	21
'embre.	34.4	21 ; 2 p.	12.4	27 ; 7 a.	34.6	21	8.5	14
embre.	33.4	9 ; 2 p.	15.0	29 ; 9 p.	33.6	9	9.0	30
....	40.6	4. I.	10.3	1. II.	41.2	4. I.	7.5	1. II.
omne..	37.5	25. III.	—4.0	25. IV ; 26. V.	37.9	25. III.	—5.7	25. IV.
er.....	32.7	30. VIII.	—5.6	23. VI.	32.8	30. VIII.	—6.6	25. VII.
ıtemps.	35.7	6. X.	0.4	11. IX.	36.6	6. X.	—1.0	21. IX.
ıée	40.6	4. I.	—5.6	23. VI.	41.2	4. I.	—6.6	25. VII.

VARIABILITÉ MOYENNE INTERDIURNE

DE LA TEMPÉRATURE

CORDOBA, 1883

Tab. IX

MOIS	7 a.	12 m.	2 p.	9 p.	$\frac{7+2+9}{3}$	$\frac{M+m}{2}$
Janvier	2.97	5.59	5.24	4.26	3.51	2.91
Février	1.71	3.14	3.35	2.70	1.90	1.64
Mars.......	3.31	4.47	4.67	2.69	2.54	2.84
Avril	3.73	3.62	3.32	3.53	2.18	2.11
Mai........	3.39	4.22	4.37	3.66	2.69	2.56
Juin.......	3.98	2.73	2.66	3.27	2.41	2.38
Juillet	3.79	3.61	3.52	3.73	2.45	2.32
Août.......	4.06	3.20	2.77	2.38	2.39	2.63
Septembre..	3.00	3.95	3.70	3.03	2.35	2.34
Octobre....	2.21	3.88	4.12	2.84	2.38	2.71
Novembre..	2.71	4.22	4.74	2.92	2.97	2.63
Décembre..	1.81	3.14	2.78	2.09	1.62	1.44
Été........	2.16	3.96	3.79	3.02	2.34	2.00
Automne...	3.48	4.10	4.12	3.29	2.47	2.50
Hiver......	3.94	3.18	2.98	3.13	2.42	2.44
Printemps..	2.64	4.02	4.19	2.93	2.57	2.56
Année	3.05	3.81	3.77	3.09	2.45	2.38

FRÉQUENCE DES CHANGEMENTS DE TEMPÉRATURE

CORDOBA. 1883

Tab. X, 1

MOIS	0–1°	1–2°	2–3°	3–4°	4–5°	5–6°	6°–7	7–8°	8–9°	9–10°	10–11°	11–12°	12–13°	13–14°	14–15°	15–16°	16–17°	17–18°	18–19°
	7 a.																		
Janvier	7	4	5	7	3	3	.	2	.	.	.	.	.	.	.	.	.	.	.
Février	10	4	9	5	.	.	.	.	.	.	.	.	.	.	.	.	.	.	.
Mars	3	6	7	6	4	1	2	1	1	.	.	.	.	.	.	.	.	.	.
Avril	2	5	9	6	1	2	.	1	2	1	.	1	.	.	.	.	.	.	.
Mai	8	4	7	2	1	2	2	2	1	.	1	1	.	.	.	.	.	.	.
Juin	4	5	5	3	1	5	3	1	2	.	.	1	.	.	.	.	.	.	.
Juillet	6	5	4	4	1	4	1	3	1	1	1	.	.	.	.	.	.	.	.
Août	3	4	3	6	6	2	2	1	4	.	.	.	.	.	.	.	.	.	.
Septembre	6	8	1	4	5	3	2	1	.	.	.	.	.	.	.	.	.	.	.
Octobre	7	9	6	4	3		2	.	.	.	.	.	.	.	.	.	.	.	.
Novembre	6	9	2	4	4	3	1	.	1	.	.	.	.	.	.	.	.	.	.
Décembre	12	4	8	4	1	2	.	.	.	.	.	.	.	.	.	.	.	.	.
Année	74	67	66	55	30	27	15	12	12	2	2	3	.	.	.	.	.	.	.
	12 m.																		
Janvier	3	1	4	1	2	4	2	.	.	1	.	.	3	.	.	.	.	.	1
Février	6	6	4	4	.	3	3	1	.	.	1	.	.	.	.	.	.	.	.
Mars	3	5	3	6	3	2	5	2	.	.	.	.	.	.	.	2	.	.	.
Avril	9	3	3	3	4	2	1	1	.	3	.	1	.	.	.	.	.	.	.
Mai	4	5	5	2	4	2	4	1	1	1	.	1	.	1	.	.	.	.	.
Juin	8	5	6	3	5	2	.	.	.	.	.	.	.	1	.	.	.	.	.
Juillet	4	7	5	2	3	4	3	.	1	1	1	.	.	.	.	.	.	.	.
Août	6	6	7	4	1	1	3	1	.	2	.	.	.	.	.	.	.	.	.
Septembre	2	5	6	4	5	3	2	1	1	.	.	.	.	.	.	.	1	.	.
Octobre	7	7	2	4	1	.	4	1	2	.	2	1	.	.	.	.	.	.	.
Novembre	4	5	1	5	4	2	5	2	1	.	.	1	.	.	.	.	.	.	.
Décembre	7	10	2	3	1	2	2	2	.	1	.	.	1	.	.	.	.	.	.
Année	63	65	48	41	33	27	34	12	6	9	4	4	4	2	.	2	1	.	1

Column group heading: CHANGEMENTS DE TEMPÉRATURE DE

FRÉQUENCE DES CHANGEMENTS DE TEMPÉRATURE

CORDOBA, 1883

Tab. X, 2

MOIS	CHANGEMENTS DE TEMPÉRATURE DE																		
	0–1°	1–2°	2–3°	3–4°	4–5°	5–6°	6–7°	7–8°	8–9°	9–10°	10–11°	11–12°	12–13°	13–14°	14–15°	15–16°	16–17°	17–18°	18–19°
2 p.																			
Janvier	2	2	6	6	3	2	2	2	1	1	2	.	.	1	.	.	.	.	1
Février	5	8	2	3	4	1	2	1	.	2	.	.	.	.	.	.	.	.	.
Mars	6	4	1	6	2	.	3	5	.	1	1	.	.	.	2	.	.	.	.
Avril	5	7	7	4	.	2	.	1	2	1	.	.	.	1	.	.	.	.	.
Mai	3	7	2	3	4	3	1	5	1	.	1	1	.	.	.	.	.	.	.
Juin	5	10	6	3	3	.	1	1	.	.	.	.	.	1	.	.	.	.	.
Juillet	7	9	1	3	1	4	1	3	1	1	.	.	.	.	.	.	.	.	.
Août	7	7	5	3	3	3	2	.	.	.	1	.	.	.	.	.	.	.	.
Septembre	5	3	8	4	2	2	4	.	1	.	.	.	.	.	.	.	.	1	.
Octobre	7	7	2	4	2	1	1	.	2	.	2	.	2	1	.	.	.	.	.
Novembre	2	5	4	3	1	6	3	2	1	1	.	1	1	.	.	.	.	.	.
Décembre	10	5	4	2	4	2	1	1	1	1	.	.	.	.	.	.	.	.	.
Année	64	74	48	44	29	26	21	21	10	8	7	2	3	4	2	.	.	1	1
9 p.																			
Janvier	4	2	5	4	6	2	3	1	2	2	.	.	.	.	.	.	.	.	.
Février	11	2	5	5	1	1	.	.	.	3	.	.	.	.	.	.	.	.	.
Mars	9	3	8	5	2	.	1	3	.	.	.	.	.	.	.	.	.	.	.
Avril	7	6	5	2	2	2	2	1	1	.	.	.	1	.	1	.	.	.	.
Mai	4	5	4	3	5	5	4	.	.	.	.	1	.	.	.	.	.	.	.
Juin	5	4	3	12	1	.	3	1	.	1	.	.	.	.	.	.	.	.	.
Juillet	3	3	7	5	5	3	2	.	.	2	1	.	.	.	.	.	.	.	.
Août	6	11	5	4	1	.	3	1	.	.	.	.	.	.	.	.	.	.	.
Septembre	6	5	6	3	3	4	1	1	.	1	.	.	.	.	.	.	.	.	.
Octobre	8	6	3	8	1	2	.	1	1	1	.	.	.	.	.	.	.	.	.
Novembre	9	3	7	1	3	2	4	.	1	.	.	.	.	.	.	.	.	.	.
Décembre	10	7	7	2	1	2	2	.	.	.	.	.	.	.	.	.	.	.	.
Année	82	57	65	54	31	23	25	9	5	10	1	1	1	.	1	.	.	.	.

FRÉQUENCE DES CHANGEMENTS DE TEMPÉRATURE

CORDOBA, 1883

Tab. X, 3

MOIS	CHANGEMENTS DE TEMPÉRATURE DE											
	0–1°	1–2°	2–3°	3–4°	4–5°	5–6°	6–7°	7–8°	8–9°	9–10°	10–11°	11–12°
(7 + 2 + 9) : 3												
Janvier	5	5	5	5	3	2	2	3	.	.	.	1
Février	5	16	3	.	1	2	1	.	.	.	.	.
Mars	4	12	8	1	1	2	2	.	1	.	.	.
Avril	9	10	6	1	1	1	.	.	2	.	.	.
Mai	9	4	3	8	4	2	.	.	1	.	.	.
Juin	7	11	5	2	1	1	2	.	.	1	.	.
Juillet	8	7	6	4	2	2	2	.	.	.	.	.
Août	10	8	1	7	1	2	1	1	.	.	.	.
Septembre	7	3	11	5	2	1	.	.	.	1	.	.
Octobre	10	4	6	4	4	1	.	1	1	.	.	.
Novembre	9	3	2	7	3	2	3	.	1	.	.	.
Décembre	10	10	5	5	1	.	.	.	.	.	.	.
Année	93	93	61	49	24	18	13	5	6	2	.	1
(M + m) : 2												
Janvier	7	7	4	6	4	.	.	1	.	1	1	.
Février	14	3	8	.	3	.	.	.	.	.	.	.
Mars	8	9	3	3	1	2	1	2	.	2	.	.
Avril	8	8	7	4	.	2	1	.	.	.	.	.
Mai	8	4	12	1	2	2	1	.	.	.	1	.
Juin	7	9	4	5	3	1	.	.	.	1	.	.
Juillet	10	6	7	3	2	.	1	1	.	1	.	.
Août	8	8	4	2	3	4	.	1	1	.	.	.
Septembre	8	8	4	5	3	1	.	.	.	1	.	.
Octobre	11	5	7	4	1	2	1	.	.	.	.	.
Novembre	4	9	7	4	2	2	2	.	.	.	.	.
Décembre	9	16	3	2	1	.	.	.	.	.	.	.
Année	102	92	70	39	25	16	7	5	1	6	2	.

FORCE ÉLASTIQUE DE LA VAPEUR

CORDOBA, 1883

Mars

Tab. XI, 3

DATES	7 a.	12 m.	2 p.	9 p.	MOYENNE
1	7.1	10.2	10.8	9.2	9.0
2	10.8	14.9	15.9	14.1	13.6
3	9.3	12.0	11.0	11.6	10.6
4	11.7	15.5	14.8	14.0	13.5
5	14.0	14.5	13.8	15.4	14.4
6	14.6	18.5	18.8	18.6	17.3
7	14.2	14.5	14.6	16.2	15.0
8	13.7	16.2	16.5	16.3	15.5
9	13.9	17.7	17.0	12.0	14.3
10	11.3	12.3	12.6	12.1	12.0
11	9.7	16.7	14.6	11.7	12.0
12	9.3	13.8	13.6	11.7	11.5
13	11.1	12.1	12.7	10.1	11.3
14	10.6	10.5	10.9	9.3	10.3
15	7.8	14.2	13.0	7.4	9.4
16	9.9	12.0	12.4	9.5	10.6
17	8.5	18.5	17.2	12.8	12.8
18	9.9	15.6	14.9	13.2	12.7
19	11.0	16.5	16.3	14.4	13.9
20	13.6	16.1	15.2	10.6	13.1
21	13.6	15.1	17.0	15.3	15.3
22	13.8	9.6	10.3	7.6	10.6
23	6.7	11.1	12.1	9.0	9.3
24	9.5	17.3	16.9	14.8	13.7
25	13.2	20.8	19.0	14.1	15.4
26	9.4	12.4	12.9	7.6	10.0
27	7.0	9.9	11.3	14.6	11.0
28	15.1	17.6	18.9	18.0	17.3
29	18.4	18.5	20.5	12.1	17.0
30	11.9	15.8	18.9	16.3	15.7
31	10.2	7.5	6.9	9.7	8.9

FORCE ÉLASTIQUE DE LA VAPEUR

CORDOBA, 1883

Avril

Tab. XI, 4

TES	7 a.	12 m.	2 p.	9 p.	MOYENNE
1	7.1	7.4	7.3	7.9	7.4
2	7.1	9.6	9.5	8.6	8.4
3	7.8	9.8	10.3	8.6	8.9
4	7.3	9.1	9.3	10.2	8.9
5	8.5	11.2	11.4	10.5	10.1
6	10.4	11.2	10.8	10.1	10.4
7	8.0	11.8	.12.4	10.8	10.4
8	9.0	13.1	12.9	12.2	11.4
9	11.0	14.1	14.2	13.6	12.9
0	13.1	14.6	13.9	13.6	13.5
1	13.7	14.9	14.5	13.9	14.0
2	8.2	9.3	8.6	7.4	8.1
3	9.0	9.5	9.6	9.3	9.3
4	6.8	10.0	8.9	8.9	8.2
5	7.6	8.9	9.2	8.6	8.5
6	7.8	9.6	8.6	7.7	8.0
7	8.1	12.3	13.6	13.2	11.6
8	2.5	4.0	3.7	5.8	4.0
9	3.7	3.9	4.1	4.7	4.2
0	4.4	5.8	4.9	6.7	5.3
1	4.9	5.3	8.0	6.7	6.5
2	7.8	9.8	10.5	8.6	9.0
3	6.3	7.7	6.2	3.1	5.2
4	3.4	3.1	3.0	3.5	3.3
5	2.6	3.6	3.0	3.9	3.2
6	3.4	3.5	3.5	3.7	3.3
7	3.7	5.0	6.4	5.3	5.1
8	4.0	5.5	5.9	6.2	5.4
9	6.6	7.6	7.1	7.8	7.2
0	9.1	9.7	9.6	9.4	9.4

FORCE ÉLASTIQUE DE LA VAPEUR

CORDOBA, 1883

Mai

Tab. XI, 5

DATES	7 a.	12 m.	2 p.	9 p.	MOYENNE
1	8.1	10.0	10.6	9.2	9.3
2	9.1	11.3	11.4	12.1	10.9
3	10.1	13.1	12.9	12.0	11.7
4	10.1	12.9	13.1	12.0	11.7
5	10.8	12.7	12.1	11.3	11.4
6	10.4	9.8	9.8	7.6	9.3
7	8.6	10.8	11.9	12.3	10.9
8	9.3	9.2	9.6	9.5	9.5
9	8.7	8.7	8.3	9.8	8.9
10	10.4	12.9	12.5	11.6	11.5
11	12.3	14.4	12.8	15.0	13.4
12	12.7	9.3	8.3	9.2	10.1
13	6.5	6.4	6.4	6.6	6.5
14	4.6	6.5	6.7	5.9	5.7
15	6.4	5.3	5.6	6.5	6.2
16	5.4	9.5	7.8	8.5	7.2
17	9.7	10.2	10.7	9.8	10.1
18	9.2	12.2	12.4	12.2	11.3
19	9.5	10.0	9.6	7.9	9.0
20	6.5	6.6	5.7	7.1	6.4
21	6.2	6.5	6.5	6.3	6.3
22	5.4	6.7	6.0	8.6	6.7
23	5.5	8.3	8.2	7.2	7.0
24	4.9	6.6	6.6	5.4	5.6
25	4.4	2.4	3.3	3.8	3.8
26	2.3	3.4	3.1	4.0	3.1
27	3.9	4.8	4.9	5.1	4.6
28	3.9	4.2	4.4	4.8	4.4
29	4.3	4.2	4.0	5.3	4.5
30	4.6	6.6	7.6	5.5	5.9
31	5.2	7.0	7.1	6.3	6.2

FORCE ÉLASTIQUE DE LA VAPEUR

CORDOBA, 1883

Juin

Tab. XI, 6

DATES	7 a.	12 m.	2 p.	9 p.	MOYENNE
1	7.3	11.2	12.0	11.3	10.2
2	8.3	12.9	11.5	8.0	9.3
3	5.0	3.7	4.1	4.1	4.4
4	4.1	4.1	3.8	4.3	4.1
5	3.9	7.3	8.1	5.9	6.0
6	5.1	7.3	6.4	6.1	5.9
7	5.1	8.1	7.1	9.4	7.2
8	8.1	10.9	9.0	7.9	8.3
9	4.8	5.3	5.4	5.5	5.2
10	4.2	8.2	6.3	5.7	5.4
11	5.1	7.3	8.2	8.7	7.3
12	6.8	11.8	10.2	9.6	8.9
13	8.9	11.4	12.2	11.6	10.9
14	13.5	15.5	14.8	12.7	13.7
15	9.0	8.7	8.3	7.1	8.1
16	5.8	5.1	5.5	5.9	5.7
17	6.1	6.1	5.8	5.5	5.8
18	5.6	5.6	6.2	5.7	5.8
19	4.8	5.4	5.4	5.3	5.2
20	4.0	5.6	5.4	5.4	4.9
21	5.4	5.3	5.4	4.5	5.1
22	3.0	5.0	4.9	3.6	3.8
23	2.7	3.8	4.5	4.2	3.8
24	3.9	4.0	4.2	5.3	4.5
25	4.4	5.9	6.4	4.1	5.0
26	5.9	6.4	8.4	7.9	7.4
27	6.6	6.5	6.1	4.8	5.8
28	4.2	3.8	9.7	4.3	6.1
29	3.6	3.4	4.4	4.2	4.1
30	3.7	6.2	6.4	6.3	5.5

FORCE ÉLASTIQUE DE LA VAPEUR

CORDOBA, 1883

Juillet

Tab. XI, 7

DATES	7 a.	12m.	2 p.	9 p.	MOYENNE
1	4.5	6.1	5.4	5.2	5.03
2	4.7	7.4	8.2	8.8	7.23
3	8.1	12.1	13.2	11.5	10.93
4	9.1	11.6	11.5	9.7	10.10
5	9.7	10.9	10.9	11.0	10.53
6	10.0	8.6	7.9	6.4	8.10
7	6.8	6.6	6.9	6.1	6.60
8	4.6	4.6	4.9	5.2	4.90
9	5.3	5.3	5.4	6.2	5.63
10	6.1	6.2	6.3	6.9	6.43
11	4.1	6.4	6.1	5.3	5.17
12	5.0	5.6	5.8	6.4	5.73
13	4.6	6.7	8.1	6.6	6.43
14	6.7	5.1	5.1	3.9	5.23
15	8.3	10.2	10.9	10.3	9.83
16	11.0	9.5	9.3	10.1	10.13
17	8.5	9.0	9.5	9.4	9.13
18	9.8	11.6	11.3	9.1	10.07
19	6.8	9.5	8.8	6.7	7.43
20	3.8	3.2	3.1	3.1	3.33
21	2.9	2.8	3.0	2.3	2.73
22	3.3	2.5	2.6	3.5	3.13
23	3.4	4.2	4.1	4.2	3.90
24	4.8	4.8	3.9	3.6	4.10
25	2.6	3.3	3.3	4.0	3.30
26	3.3	4.4	4.4	3.8	3.83
27	3.8	3.8	3.2	3.9	3.63
28	3.4	2.9	3.1	4.0	3.50
29	3.1	2.6	2.8	3.2	3.03
30	3.5	3.8	3.7	2.9	3.37
31	2.7	3.1	3.0	3.5	3.07

FORCE ÉLASTIQUE DE LA VAPEUR

CORDOBA, 1883

Août

Tab. XI, 8

DATES	7 a.	12 m.	2 p.	9 p.	MOYENNE
1	3.6	3.3	3.5	4.3	3.8
2	4.0	3.8	4.3	4.1	4.1
3	3.7	4.9	6.0	5.3	5.0
4	4.6	7.0	7.4	6.7	6.2
5	6.1	5.0	2.7	2.5	3.8
6	2.7	3.3	2.6	2.4	2.6
7	2.0	2.3	2.1	2.5	2.2
8	3.4	2.5	2.7	3.3	3.1
9	3.4	3.8	4.5	4.3	4.1
10	4.1	7.2	8.4	7.2	6.6
11	6.4	9.2	8.4	5.4	6.7
12	4.7	5.0	6.0	6.6	5.8
13	7.9	8.5	8.0	4.7	6.9
14	2.5	2.5	2.2	2.3	2.3
15	3.2	3.7	3.8	3.4	3.5
16	3.0	2.6	2.7	2.5	2.7
17	4.1	3.6	3.4	3.3	3.6
18	2.8	4.9	4.8	4.2	3.9
19	3.4	4.8	4.6	4.2	4.1
20	3.5	3.7	3.8	3.6	3.6
21	3.6	3.6	3.3	3.7	3.5
22	4.0	4.0	4.3	3.8	4.0
23	4.2	3.8	3.6	4.2	4.0
24	4.2	5.0	5.8	3.8	4.6
25	3.8	3.5	2.9	2.8	3.2
26	2.6	2.0	2.1	3.2	2.6
27	3.2	3.5	3.5	3.5	3.4
28	3.1	3.7	4.3	3.8	3.7
29	3.8	4.3	4.8	5.4	4.7
30	5.8	7.0	8.0	8.5	7.4
31	7.1	11.0	11.6	10.4	9.7

FORCE ÉLASTIQUE DE LA VAPEUR

CORDOBA 1883

Septembre

DATES	7 a.	12 m.	2 p.	9 p.	MOYENNE
1	9.6	9.8	9.2	6.7	8.5
2	4.5	3.4	3.7	4.6	4.3
3	4.5	5.3	6.4	6.7	5.9
4	6.9	7.0	6.7	5.8	6.5
5	6.2	6.0	6.0	5.2	5.8
6	4.5	5.2	4.7	4.3	4.5
7	4.3	4.3	3.5	2.5	3.4
8	3.7	2.6	1.9	3.1	2.9
9	3.0	3.7	3.8	3.8	3.5
10	3.0	3.5	4.1	4.0	3.7
11	3.0	3.0	3.2	3.7	3.3
12	3.4	4.7	3.6	3.9	3.6
13	3.8	3.6	3.5	4.5	3.9
14	4.3	4.1	3.6	4.8	4.2
15	4.9	5.2	4.8	4.9	4.9
16	6.2	7.3	7.2	6.5	6.6
17	7.2	10.2	9.6	10.1	9.0
18	11.8	12.0	11.5	11.5	11.6
19	6.7	7.0	6.8	5.7	6.4
20	3.9	2.6	2.1	2.7	2.9
21	2.9	4.1	4.0	3.7	3.5
22	5.8	5.4	5.7	6.1	5.9
23	5.7	6.4	6.3	6.8	6.3
24	7.4	7.0	6.7	8.7	7.6
25	8.8	10.1	10.0	11.0	9.9
26	10.3	9.6	7.8	7.7	8.6
27	6.5	7.8	7.9	8.2	7.5
28	8.1	9.4	9.1	9.0	8.7
29	8.0	8.9	9.5	11.1	9.5
30	9.2	7.8	8.2	9.1	8.8

FORCE ÉLASTIQUE DE LA VAPEUR

CORDOBA, 1883

Octobre

Tab. XI, 10

DATES	7 a.	12 m.	2 p.	9 p.	MOYENNE
1	11.3	9.4	8.7	9.2	9.7
2	8.9	7.6	7.4	6.3	7.5
3	7.2	9.1	10.7	12.6	10.2
4	13.1	13.6	13.3	14.4	13.6
5	14.9	14.6	14.6	15.4	15.0
6	15.4	15.0	14.9	14.6	15.0
7	16.1	15.6	14.4	9.5	13.3
8	8.7	7.9	7.4	6.9	7.7
9	7.4	6.4	6.4	7.5	7.1
10	8.5	7.3	6.7	9.2	8.1
11	8.7	8.8	8.9	8.8	8.8
12	10.5	9.8	10.8	11.4	10.9
13	8.5	8.2	8.2	7.0	7.9
14	11.0	10.4	10.8	8.6	10.1
15	11.4	11.5	12.0	11.2	11.5
16	11.9	13.0	11.7	14.3	12.6
17	11.3	10.6	10.1	11.1	10.8
18	12.1	13.3	12.3	10.6	11.7
19	11.0	6.6	7.7	7.3	8.7
20	7.8	6.9	6.5	6.9	7.1
21	5.9	7.0	5.9	7.5	6.4
22	7.3	6.1	6.5	8.5	7.4
23	8.0	9.1	8.5	9.3	8.6
24	8.0	9.7	8.7	8.9	8.5
25	10.2	10.9	10.2	8.7	9.7
26	10.4	10.1	10.0	9.5	10.0
27	10.6	9.2	8.5	7.5	8.9
28	8.4	8.0	8.2	8.3	8.3
29	8.1	8.1	8.9	7.6	8.2
30	7.9	11.1	11.9	10.2	10.0
31	10.4	10.3	11.3	11.6	11.1

FORCE ÉLASTIQUE DE LA VAPEUR

CORDOBA, 1883

Novembre

Tab. XI, 11

DATES	7 a.	12 m.	2 p.	9 p.	MOYENNE
1	11.0	13.0	12.9	11.9	11.9
2	12.9	14.1	14.7	13.4	13.7
3	13.3	14.9	15.1	14.5	14.3
4	12.6	16.3	15.5	15.5	14.5
5	15.3	14.9	14 8	16.0	15.4
6	15.7	16.6	15.8	15.9	15.8
7	13.6	15.5	14.8	13.4	13.9
8	8.5	9.1	11.8	12.8	11.0
9	15.2	15.1	15.0	15.3	15.2
10	13.2	10.2	9.8	9.4	10.8
11	12.1	7.1	7.0	12.4	10.5
12	15.0	13.3	17.8	13.2	15.3
13	8.3	10.4	7.3	9.3	8.3
14	8.4	7.6	8.2	9.3	8.6
15	9.8	10.4	12.3	10.6	10.9
16	9.7	9.6	10.8	11.3	10.6
17	11.4	11.5	12.1	11.9	11.8
18	11.6	8.5	10.0	10.6	10.7
19	11.9	11.0	11.1	12.3	11.8
20	12.4	13.5	14.3	15.7	14.1
21	15.1	15.0	14.6	11.8	13.8
22	9.0	8.5	9.3	9.5	9.3
23	10.4	15.1	16.2	15.3	14.0
24	14.0	14.2	14.2	14.2	14.1
25	15.7	16.8	12.4	12.7	13.6
26	13.4	16.0	16.3	18.0	15.9
27	9.2	5.6	6.2	9.1	8.2
28	8.9	8.5	8.3	10.5	9.2
29	7.8	9.6	9.4	11.4	9.5
30	9.8	12.6	12.1	13.0	11.6

FORCE ÉLASTIQUE DE LA VAPEUR

CORDOBA, 1883

Décembre

Tab. XI, 12

DATES	7 a.	12 m.	2 p.	9 p.	MOYENNE
1	13.5	13.2	14.7	15.2	14.5
2	9.6	10.8	11.2	13.8	11.5
3	10.1	10.6	11.7	13.2	11.7
4	10.5	12.1	12.1	14.8	12.5
5	13.6	12.5	12.0	13.6	13 1
6	13.0	11.5	11.5	14.1	12.9
7	14.3	15.6	15.3	16.1	15.2
8	14.8	14.2	13.4	15.1	14.4
9	14.3	12.9	9.5	13.9	12.6
10	13.5	14.2	13.0	14.6	13.7
11	14.5	17.4	17.0	15 3	15.6
12	12.8	14.2	15.2	12.2	13.4
13	13.2	14.7	15.1	15.6	14.6
14	13.1	16.9	16.7	15.6	15.1
15	13.1	15.0	14.3	15.4	14.3
16	17.3	13.9	14.1	13.6	15.0
17	13.5	17.4	18.2	18.0	16.5
18	14.5	18.2	17.0	19.3	16.9
19	15.6	17.5	16.4	17.6	16.5
20	14.9	16.6	16.6	20.6	17.4
21	14.9	15.5	13.1	16.7	14.9
22	17.7	19.2	18.6	17.2	17.8
23	11.3	11.4	11.6	12.8	11.9
24	10.6	11.8	12.9	13.4	12.3
25	13.1	14.2	13.8	11.1	12.7
26	10.9	11.1	10.3	11.5	10.9
27	9.5	13.9	15.2	18.0	14.2
28	16.9	15.0	14.7	10.2	13.9
29	5.6	5.4	6.3	8.4	6.8
30	9.1	10.5	10.2	11.0	10.1
31	11.4	14.4	13.1	11.3	11.9

FORCE ÉLASTIQUE DE LA VAPEUR

CORDOBA. 1883

RÉSUMÉS DÉCADIQUES

Tab. XII

MOIS	DÉCADES	FORCE ÉLASTIQUE MOYENNE				
		7 a.	12 m.	2 p.	9 p.	M. JOUR
Janvier	1	14.6	15.6	15.2	13.6	14.5
	2	11.8	13.2	13.0	10.0	11.6
	3	12.1	13.5	12.4	10.9	11.8
Février	1	11.4	13.2	12.8	10.0	11.4
	2	12.3	13.6	13.3	12.7	12.8
	3	12.2	12.9	13.0	11.4	12.2
Mars	1	12.1	14.6	14.6	13.9	13.5
	2	10.1	14.6	14.1	11.1	11.8
	3	11.7	14.1	15.0	12.6	13.1
Avril	1	8.9	11.2	11.2	10.6	10.2
	2	7.2	8.8	8.6	8.6	8.1
	3	5.2	6.1	6.3	5.8	5.8
Mai	1	9.6	11.1	11.2	10.7	10.5
	2	8.3	9.0	8.6	8.9	8.6
	3	4.6	6.1	5.6	5.7	5.3
Juin	1	5.6	7.9	7.4	6.8	6.6
	2	7.0	8.3	8.2	7.7	7.6
	3	4.3	5.0	6.0	4.9	5.1
Juillet	1	6.9	7.9	8.1	7.7	7.5
	2	6.9	7.7	7.8	7.1	7.3
	3	3.3	3.5	3.4	3.5	3.4
Août	1	3.8	4.3	4.4	4.3	4.2
	2	4.1	4.9	4.8	4.0	4.3
	3	4.1	4.6	4.9	4.8	4.6
Septembre	1	5.0	5.1	5.0	4.7	4.9
	2	5.5	6.0	5.6	5.8	5.7
	3	7.2	7.6	7.5	8.1	7.6
Octobre	1	11.1	10.6	10.5	10.6	10.7
	2	10.4	9.9	9.9	9.7	10.0
	3	8.7	9.1	8.9	8.9	8.8
Novembre	1	13.1	14.0	14.0	13.8	13.6
	2	11.1	10.3	11.1	11.7	11.3
	3	11.3	12.2	11.9	12.5	11.9
Décembre	1	12.7	12.8	12.4	14.4	13.2
	2	14.2	16.2	16.1	16.3	15.5
	3	11.9	12.9	12.7	12.9	12.5

FORCE ÉLASTIQUE DE LA VAPEUR

CORDOBA, 1883

RÉSUMÉS MENSUELS

Tab. XIII

[S	FORCE ÉLASTIQUE MOYENNE				
	7 a.	12 m.	2 p.	9 p.	DU JOUR
r ...	12.8	*14.1	13.5	11.5	12.6
r ...	12.0	13.2	13.0	11.4	12.1
....	11.2	14.4	14.6	12.6	12.8
....	7.1	8.7	8.7	8.3	8.0
....	7.4	8.5	8.4	8.3	8.0
....	5.6	7.1	7.2	6.5	6.4
....	5.6	6.3	6.3	6.0	6.0
....	4.0	4.6	4.7	4.4	4.4
bre.	5.9	6.2	6.0	6.2	6.1
e...	10.0	9.8	9.7	9.7	9.8
bre.	11.8	12.2	12.3	12.7	12.3
bre.	12.9	13.9	13.7	14.5	13.7
....	12.6	13.7	13.4	12.5	12.8
ne..	8.6	10.5	10.5	9.7	9.6
....	5.1	6.0	6.1	5.6	5.6
mps.	9.2	9.4	9.3	9.5	9.4
....	8.9	9.9	9.8	9.3	9.3

FORCE ÉLASTIQUE DE LA VAPEUR

CORDOBA. 1883

MAXIMA ET MINIMA

Tab. XIV

MOIS ET SAISONS	MAXIMA		MINIMA	
	mm.	Date et heure	mm.	Date et heure
Janvier	20.1	9 ; 9 p.	6.4	1 ; 9 p.
Février.........	19.1	27 ; 2 p.	5.8	28 ; 9 p.
Mars...........	20.8	25 ; 12 m.	6.7	23 ; 7 a.
Avril	14.9	11 ; 12 m.	2.5	18 ; 7 a.
Mai............	15.0	11 ; 9 p.	2.3	26 ; 7 a.
Juin...........	15.5	14 ; 12 m.	2.7	23 ; 7 a.
Juillet	13.2	3 ; 2 p.	2.3	21 ; 9 p.
Août...........	11.6	31 ; 2 p.	2.0	7 ; 7 a. 26 ; 12 m.
Septembre......	12.0	18 ; 12 m.	1.9	8 ; 2 p.
Octobre........	16.1	7 ; 7 a.	5.9	21 ; 7 a., 2 p.
Novembre......	17.8	12 ; 2 p.	5.6	27 ; 12 m.
Décembre......	20.6	20 ; 9 p.	5.4	29 ; 12 m.
Été............	20.6	20. XII ; 9 p.	5.4	29. XII ; 12 m.
Automne.......	20.8	25. III ; 12 m.	2.3	26. V ; 7 a.
Hiver..........	15.5	14. VI ; 12 m.	2.0	7. VIII ; 7 a. 26. VIII ; 12 m.
Printemps......	17.8	12. XI ; 2 p.	1.9	8 IX ; 2 p.
Année	20.8	25. III ; 12 m.	1.9	8 IX ; 2 p.

FORCE ÉLASTIQUE DE LA VAPEUR

CORDOBA, 1883

Juin

Tab. XI, 6

DATES	7 a.	12 m.	2 p.	9 p.	MOYENNE
1	7.3	11.2	12.0	11.3	10.2
2	8.3	12.9	11.5	8.0	9.3
3	5.0	3.7	4.1	4.1	4.4
4	4.1	4.1	3.8	4.3	4.1
5	3.9	7.3	8.1	5.9	6.0
6	5.1	7.3	6.4	6.1	5.9
7	5.1	8.1	7.1	9.4	7.2
8	8.1	10.9	9.0	7.9	8.3
9	4.8	5.3	5.4	5.5	5.2
10	4.2	8.2	6.3	5.7	5.4
11	5.1	7.3	8.2	8.7	7.3
12	6.8	11.8	10.2	9.6	8.9
13	8.9	11.4	12.2	11.6	10.9
14	13.5	15.5	14.8	12.7	13.7
15	9.0	8.7	8.3	7.1	8.1
16	5.8	5.1	5.5	5.9	5.7
17	6.1	6.1	5.8	5.5	5.8
18	5.6	5.6	6.2	5.7	5.8
19	4.8	5.4	5.4	5.3	5.2
20	4.0	5.6	5.4	5.4	4.9
21	5.4	5.3	5.4	4.5	5.1
22	3.0	5.0	4.9	3.6	3.8
23	2.7	3.8	4.5	4.2	3.8
24	3.9	4.0	4.2	5.3	4.5
25	4.4	5.9	6.4	4.1	5.0
26	5.9	6.4	8.4	7.9	7.4
27	6.6	6.5	6.1	4.8	5.8
28	4.2	3.8	9.7	4.3	6.1
29	3.6	3.4	4.4	4.2	4.1
30	3.7	6.2	6.4	6.3	5.5

FORCE ÉLASTIQUE DE LA VAPEUR

CORDOBA, 1883

Juillet

Tab. XI, 7

DATES	7 a.	12m.	2 p.	9 p.	MOYENNE
1	4.5	6.1	5.4	5.2	5.03
2	4.7	7.4	8.2	8.8	7.23
3	8.1	12.1	13.2	11.5	10.93
4	9.1	11.6	11.5	9.7	10.10
5	9.7	10.9	10.9	11.0	10.53
6	10.0	8.6	7.9	6.4	8.10
7	6.8	6.6	6.9	6.1	6.60
8	4.6	4.6	4.9	5.2	4.90
9	5.3	5.3	5.4	6.2	5.63
10	6.1	6.2	6.3	6.9	6.43
11	4.1	6.4	6.1	5.3	5.17
12	5.0	5.6	5.8	6.4	5.73
13	4.6	6.7	8.1	6.6	6.43
14	6.7	5.1	5.1	3.9	5.23
15	8.3	10.2	10.9	10.3	9.83
16	11.0	9.5	9.3	10.1	10.13
17	8.5	9.0	9.5	9.4	9.13
18	9.8	11.6	11.3	9.1	10.07
19	6.8	9.5	8.8	6.7	7.43
20	3.8	3.2	3.1	3.1	3.33
21	2.9	2.8	3.0	2.3	2.73
22	3.3	2.5	2.6	3.5	3.13
23	3.4	4.2	4.1	4.2	3.90
24	4.8	4.8	3.9	3.6	4.10
25	2.6	3.3	3.3	4.0	3.30
26	3.3	4.4	4.4	3.8	3.83
27	3.8	3.8	3.2	3.9	3.63
28	3.4	2.9	3.1	4.0	3.50
29	3.1	2.6	2.8	3.2	3.03
30	3.5	3.8	3.7	2.9	3.37
31	2.7	3.1	3.0	3.5	3.07

FORCE ÉLASTIQUE DE LA VAPEUR

CORDOBA, 1883

Août

Tab. XI, 8

DATES	7 a.	12 m.	2 p.	9 p.	MOYENNE
1	3.6	3.3	3.5	4.3	3.8
2	4.0	3.8	4.3	4.1	4.1
3	3.7	4.9	6.0	5.3	5.0
4	4.6	7.0	7.4	6.7	6.2
5	6.1	5.0	2.7	2.5	3.8
6	2.7	3.3	2.6	2.4	2.6
7	2.0	2.3	2.1	2.5	2.2
8	3.4	2.5	2.7	3.3	3.1
9	3.4	3.8	4.5	4.3	4.1
10	4.1	7.2	8.4	7.2	6.6
11	6.4	9.2	8.4	5.4	6.7
12	4.7	5.0	6.0	6.6	5.8
13	7.9	8.5	8.0	4.7	6.9
14	2.5	2.5	2.2	2.3	2.3
15	3.2	3.7	3.8	3.4	3.5
16	3.0	2.6	2.7	2.5	2.7
17	4.1	3.6	3.4	3.3	3.6
18	2.8	4.9	4.8	4.2	3.9
19	3.4	4.8	4.6	4.2	4.1
20	3.5	3.7	3.8	3.6	3.6
21	3.6	3.6	3.3	3.7	3.5
22	4.0	4.0	4.3	3.8	4.0
23	4.2	3.8	3.6	4.2	4.0
24	4.2	5.0	5.8	3.8	4.6
25	3.8	3.5	2.9	2.8	3.2
26	2.6	2.0	2.1	3.2	2.6
27	3.2	3.5	3.5	3.5	3.4
28	3.1	3.7	4.3	3.8	3.7
29	3.8	4.3	4.8	5.4	4.7
30	5.8	7.0	8.0	8.5	7.4
31	7.1	11.0	11.6	10.4	9.7

HUMIDITÉ RELATIVE

CORDOBA, 1883

Avril

Tab. XV, 4

DATES	7 a.	12 m.	2 p.	9 p.	MOYENNE
1	77.0	43.5	40.5	90.0	69.2
2	94.0	44.5	46.0	84.5	74.8
3	96.3	49.0	48.3	84.3	76.3
4	100.0	45.0	43.8	95.0	79.6
5	94.6	58.0	58.1	90.8	81.2
6	95.0	48.0	46.6	80.6	74.1
7	94.5	51.3	48.1	86.8	76.5
8	96.2	46.3	44.5	85.0	75.2
9	97.6	45.8	43.1	75.6	72.1
10	86.9	43.8	42.4	64.7	64.7
11	87.2	42.7	40.0	60.8	62.7
12	62.8	48.0	41.9	71.6	58.8
13	87.7	56.7	50.0	83.7	73.8
14	96.9	38.6	30.4	76.4	67.9
15	89.1	33.2	30.3	72.5	64.0
16	52.8	38.1	32.3	70.3	51.8
17	63.6	46.3	46.2	81.0	63.6
18	23.0	26.9	21.6	91.6	45.4
19	76.8	21.6	19.8	52.3	49.6
20	76.6	23.2	18.6	76.5	57.2
21	84.5	20.1	30.5	50.0	55.0
22	69.7	75.0	89.8	92.2	83.9
23	96.7	45.5	43.1	34.9	58.2
24	66.7	27.7	23.0	74.2	54.6
25	76.3	22.5	17.5	67.1	53.6
26	85.2	16.0	15.0	37.5	45.9
27	81.2	20.5	25.2	71.6	59.3
28	81.1	28.7	27.4	70.0	59.5
29	82.0	40.9	40.5	70.0	64.2
30	94.9	95.0	91.5	93.8	93.4

FORCE ÉLASTIQUE DE LA VAPEUR

CORDOBA, 1883

Octobre

Tab. XI, 10

DATES	7 a.	12 m.	2 p.	9 p.	MOYENNE
1	11.3	9.4	8.7	9.2	9.7
2	8.9	7.6	7.4	6.3	7.5
3	7.2	9.1	10.7	12.6	10.2
4	13.1	13.6	13.3	14.4	13.6
5	14.9	14.6	14.6	15.4	15.0
6	15.4	15.0	14.9	14.6	15.0
7	16.1	15.6	14.4	9.5	13.3
8	8.7	7.9	7.4	6.9	7.7
9	7.4	6.4	6.4	7.5	7.1
10	8.5	7.3	6.7	9.2	8.1
11	8.7	8.8	8.9	8.8	8.8
12	10.5	9.8	10.8	11.4	10.9
13	8.5	8.2	8.2	7.0	7.9
14	11.0	10.4	10.8	8.6	10.1
15	11.4	11.5	12.0	11.2	11.5
16	11.9	13.0	11.7	14.3	12.6
17	11.3	10.6	10.1	11.1	10.8
18	12.1	13.3	12.3	10.6	11.7
19	11.0	6.6	7.7	7.3	8.7
20	7.8	6.9	6.5	6.9	7.1
21	5.9	7.0	5.9	7.5	6.4
22	7.3	6.1	6.5	8.5	7.4
23	8.0	9.1	8.5	9.3	8.6
24	8.0	9.7	8.7	8.9	8.5
25	10.2	10.9	10.2	8.7	9.7
26	10.4	10.1	10.0	9.5	10.0
27	10.6	9.2	8.5	7.5	8.9
28	8.4	8.0	8.2	8.3	8.3
29	8.1	8.1	8.9	7.6	8.2
30	7.9	11.1	11.9	10.2	10.0
31	10.4	10.3	11.3	11.6	11.1

HUMIDITÉ RELATIVE

CORDOBA, 1883

Juin

Tab. XV, 6

DATES	7 a.	12 m.	2 p.	9 p.	MOYENNE
1	78.3	57.5	55.1	87.1	73.5
2	97.3	58.8	58.4	69.0	74.9
3	92.7	21.7	23.1	65.3	60.4
4	78.2	19.6	17.8	52.5	49.5
5	90.0	30.9	31.4	59.0	60.1
6	91.2	31.0	28.2	49.5	56.3
7	83.9	33.8	30.0	75.5	63.1
8	91.9	16.4	37.9	64.1	64.6
9	[illegible]	26.6	28.3	70.0	58.4
10	82.0	34.5	25.7	57.3	55.0
11	[illegible]	[illegible]	[illegible]	[illegible]	62.1
12	[illegible]	[illegible]	[illegible]	[illegible]	74.7
13	[illegible]	[illegible]	[illegible]	[illegible]	76.2
14	[illegible]	[illegible]	[illegible]	[illegible]	79.1
15	[illegible]	[illegible]	[illegible]	[illegible]	82.1
16	[illegible]	[illegible]	[illegible]	[illegible]	[illegible]
17	[illegible]	[illegible]	[illegible]	[illegible]	[illegible]
18	[illegible]	[illegible]	[illegible]	[illegible]	[illegible]
19	[illegible]	[illegible]	[illegible]	[illegible]	[illegible]
20	[illegible]	[illegible]	[illegible]	[illegible]	[illegible]
21	[illegible]	[illegible]	[illegible]	[illegible]	[illegible]
22	[illegible]	[illegible]	[illegible]	[illegible]	[illegible]
23	[illegible]	[illegible]	[illegible]	[illegible]	[illegible]
24	[illegible]	[illegible]	[illegible]	[illegible]	[illegible]
25	[illegible]	[illegible]	[illegible]	[illegible]	[illegible]
26	[illegible]	[illegible]	[illegible]	[illegible]	[illegible]
27	[illegible]	[illegible]	[illegible]	[illegible]	[illegible]
28	[illegible]	[illegible]	[illegible]	[illegible]	[illegible]
29	[illegible]	[illegible]	[illegible]	[illegible]	[illegible]
30	[illegible]	[illegible]	[illegible]	[illegible]	[illegible]

HUMIDITÉ RELATIVE

CORDOBA, 1883

Juillet

Tab. XV, 7

DATES	7 a.	12 m.	2 p.	9 p.	MOYENNE
1	96.1	28.3	24.6	57.6	59.4
2	89.1	32.0	33.9	76.5	66.5
3	93.2	64.0	54.4	80.9	76.2
4	94.9	44.9	42.2	78.6	71.9
5	96.3	79.6	77.7	90.8	88.3
6	90.6	75.4	71.6	75.9	79.4
7	86.0	68.3	72.7	74.4	77.7
8	92.4	42.0	42.9	73.2	69.5
9	81.2	67.5	70.0	93.7	81.6
10	93.7	75.5	73.7	95.6	87.7
11	95.8	59.2	50.6	88.3	78.2
12	91.1	46.6	45.5	80.4	72.3
13	96.2	34.1	36.9	82.2	71.8
14	72.3	35.0	32.2	58.5	54.3
15	84.0	67.4	68.8	85.0	79.3
16	95.8	35.8	34.4	72.0	67.4
17	77.2	31.5	31.5	58.0	55.6
18	82.2	48.7	44.0	72.5	66.2
19	94.0	59.6	59.3	69.5	74.3
20	50.3	33.0	29.3	44.8	41.5
21	68.5	29.3	29.6	54.1	50.7
22	64.6	27.4	26.5	64.7	51.9
23	67.3	50.7	46.9	62.2	58.8
24	89.2	69.0	57.7	82.4	76.4
25	85.0	32.3	28.6	78.3	64.0
26	49.6	31.5	29.6	67.0	48.7
27	64.1	20.8	16.0	36.3	38.8
28	66.3	25.5	23.8	78.3	56.1
29	88.9	20.2	20.9	47.1	52.3
30	78.0	31.2	27.4	63.0	56.1
31	79.2	27.2	23.9	56.0	53.0

HUMIDITÉ RELATIVE

CÓRDOBA 1883

Août

Tab. XV, 8

Jours	7 a.	12 m.	2 p.	9 p.	
1	[illegible]	[illegible]	[illegible]	53.0	50.9
2	[illegible]	[illegible]	[illegible]	57.4	52.4
3	[illegible]	[illegible]	[illegible]	71.7	56.5
4	[illegible]	[illegible]	[illegible]	74.5	68.9
5	[illegible]	[illegible]	[illegible]	[illegible]	46.0
[illegible]	[illegible]	[illegible]	[illegible]	[illegible]	34.7
[illegible]	[illegible]	[illegible]	[illegible]	30.7	35.3
[illegible]	[illegible]	[illegible]	[illegible]	50.7	43.7
[illegible]	[illegible]	[illegible]	[illegible]	[illegible]	41.5
[illegible]	[illegible]	[illegible]	[illegible]	[illegible]	57.1
[illegible]	[illegible]	[illegible]	[illegible]	[illegible]	46.4
[illegible]	[illegible]	[illegible]	[illegible]	[illegible]	52.3
[illegible]	[illegible]	[illegible]	[illegible]	[illegible]	44.9
[illegible]	[illegible]	[illegible]	[illegible]	[illegible]	[illegible]
[illegible]	[illegible]	[illegible]	[illegible]	[illegible]	[illegible]
[illegible]	[illegible]	[illegible]	[illegible]	[illegible]	[illegible]
[illegible]	[illegible]	[illegible]	[illegible]	[illegible]	[illegible]
[illegible]	[illegible]	[illegible]	[illegible]	[illegible]	[illegible]
[illegible]	[illegible]	[illegible]	[illegible]	[illegible]	[illegible]
[illegible]	[illegible]	[illegible]	[illegible]	[illegible]	[illegible]
[illegible]	[illegible]	[illegible]	[illegible]	[illegible]	33.9
[illegible]	[illegible]	[illegible]	[illegible]	[illegible]	[illegible]
[illegible]	[illegible]	[illegible]	[illegible]	[illegible]	[illegible]
[illegible]	[illegible]	[illegible]	[illegible]	[illegible]	[illegible]
[illegible]	[illegible]	[illegible]	[illegible]	[illegible]	[illegible]
[illegible]	[illegible]	[illegible]	[illegible]	[illegible]	[illegible]
[illegible]	[illegible]	[illegible]	[illegible]	[illegible]	[illegible]
[illegible]	[illegible]	[illegible]	[illegible]	[illegible]	[illegible]
[illegible]	[illegible]	[illegible]	[illegible]	[illegible]	[illegible]
[illegible]	[illegible]	[illegible]	[illegible]	[illegible]	[illegible]
[illegible]	[illegible]	[illegible]	[illegible]	[illegible]	[illegible]

HUMIDITÉ RELATIVE

CORDOBA, 1883

Septembre

Tab. XV, 9

DATES	7 a.	12 m.	2 p.	9 p.	MOYENNE
1	90.3	65.4	59.2	49.2	66.2
2	44.2	27.8	29.2	46.5	40.0
3	56.7	40.8	48.3	76.5	60.5
4	88.7	50.9	51.6	66.5	68.9
5	81.7	52.9	46.5	60.9	63.0
6	84.3	27.9	23.9	37.9	48.7
7	54.7	31.9	24.6	26.9	35.4
8	48.2	22.7	16.8	37.1	34.0
9	36.0	24.4	22.8	46.9	35.2
10	47.7	26.5	27.1	56.4	43.7
11	64.3	17.3	16.5	47.2	42.7
12	51.6	22.0	15.9	42.1	36.5
13	55.8	15.3	14.3	42.0	37.4
14	56.1	20.6	16.9	41.5	38.2
15	65.7	31.4	26.6	50.9	47.7
16	76.7	37.7	31.9	58.1	55.6
17	69.6	36.9	32.1	57.3	53.0
18	81.8	37.1	32.9	58.5	57.7
19	55.7	60.0	56.0	53.0	54.9
20	51.6	16.6	12.4	32.3	32.1
21	50.6	25.9	20.6	42.7	38.0
22	65.7	26.6	25.5	54.1	48.4
23	70.4	22.6	21.8	41.0	44.4
24	66.6	23.1	20.9	50.0	45.8
25	70.4	44.9	45.2	89.0	68.2
26	90.7	69.7	50.9	82.3	74.6
27	90.3	60.9	48.9	71.1	70.1
28	89.4	52.2	48.5	72.3	70.1
29	80.6	41.6	44.4	62.9	62.6
30	72.6	38.9	37.5	66.7	58.9

HUMIDITÉ RELATIVE

CORDOBA. 1883

Octobre

Tab. XV, 10

DATES	7 a.	12 m.	2 p.	9 p.	MOYENNE
1	82.5	80.9	77.3	83.8	81.2
2	84.0	42.7	34.5	45.1	54.5
3	58.1	41.9	51.4	88.7	66.1
4	96.7	69.3	59.1	85.0	80.3
5	96.0	74.9	70.0	88.8	84.9
6	94.1	41.1	34.3	70.0	66.1
7	88.2	62.3	71.3	82.0	80.5
8	72.0	37.2	30.8	50.7	51.2
9	74.6	27.5	25.7	49.8	50.0
10	79.0	32.8	27.2	54.0	53.4
11	66.9	43.1	42.2	54.6	54.6
12	93.0	49.1	48.0	80.0	73.7
13	81.0	32.7	31.7	50.0	54.2
14	68.3	37.3	32.9	48.6	49.9
15	69.5	37.2	36.2	45.1	50.3
16	69.3	38.9	36.5	92.1	66.0
17	78.0	49.2	43.9	75.2	65.7
18	82.0	58.7	53.0	67.9	67.6
19	97.6	60.0	70.4	85.0	84.3
20	94.5	63.8	56.0	88.8	79.8
21	71.8	37.5	29.7	76.8	59.4
22	78.5	27.0	27.5	82.0	62.7
23	70.0	41.5	36.9	58.5	55.1
24	70.0	48.0	40.0	60.0	56.7
25	81.5	72.7	70.4	80.2	77.4
26	97.6	63.8	62.9	82.0	80.8
27	92.0	46.6	44.0	65.5	67.2
28	85.3	61.2	56.0	71.2	70.8
29	94.6	92.1	77.5	81.5	84.5
30	90.5	64.9	61.3	85.6	79.1
31	90.8	66.0	76.4	93.3	86.8

HUMIDITÉ RELATIVE

CORDOBA, 1883

Novembre

Tab. XV, 11

DATES	7 a.	12 m.	2 p.	9 p.	MOYENNE
1	97.6	66.7	59.3	81.1	79.3
2	81.6	68.9	83.4	87.2	84.1
3	90.0	78.7	76.7	98.0	88.2
4	95.7	89.9	68.0	92.4	85.4
5	83.6	55.9	51.5	85.6	73.6
6	87.1	53.5	49.8	71.0	69.3
7	96.9	65.7	64.5	86.3	82.6
8	62.0	48.4	56.3	79.1	65.8
9	77.5	48.8	44.4	68.1	63.3
10	86.2	52.3	47.1	62.7	65.3
11	83.8	29.2	28.8	78.8	63.8
12	82.8	39.9	54.0	77.8	71.5
13	56.8	49.4	34.2	79.8	56.9
14	62.5	34.1	34.2	68.5	55.1
15	59.4	34.4	37.4	67.9	54.9
16	62.5	42.4	49.6	84.3	65.5
17	82.5	62.1	59.8	74.4	72.2
18	78.2	35.6	42.6	71.7	64.2
19	80.2	49.8	45.8	78.8	68.3
20	75.6	41.4	41.4	78.5	65.2
21	61.4	41.2	36.1	56.0	51.2
22	62.1	46.4	46.9	57.7	55.6
23	66.3	56.7	58.0	92.3	72.2
24	95.8	64.7	61.7	81.7	79.7
25	88.8	74.1	97.8	97.7	94.8
26	100.0	64.9	63.4	92.8	85.4
27	85.9	33.7	34.3	80.6	66.9
28	62.6	38.7	37.6	78.2	59.5
29	54.7	44.0	40.3	80.7	58.6
30	56.8	40.1	36.9	65.4	53.0

HUMIDITÉ RELATIVE

CORDOBA, 1883

Décembre

Tab. XV, 12

DATES	7 a.	12 m.	2 p.	9 p.	MOYENNES
1	81.2	40.5	44.4	72.4	66.0
2	60.3	46.3	44.1	90.0	64.8
3	72.7	47.7	49.2	81.8	67.9
4	60.8	36.8	35.9	77.9	58.2
5	80.4	38.2	36.4	72.8	63.2
6	73.8	36.4	36.4	72.4	60.9
7	71.2	49.1	46.8	80.9	66.3
8	72.9	40.3	36.3	72.8	60.7
9	66.0	33.8	24.9	68.8	53.2
10	62.8	39.7	35.4	69.4	55.9
11	78.6	75.7	70.9	79.0	76.2
12	87.9	48.8	50.1	76.2	71.4
13	92.7	80.2	64.2	90.5	82.5
14	86.1	61.6	57.8	85.4	76.4
15	76.2	49.9	49.7	91.5	72.5
16	79.9	97.2	88.3	94.8	87.7
17	88.1	70.5	68.4	88.6	81.7
18	80.0	65.7	59.0	94.7	77.9
19	93.3	75.1	77.3	86.1	85.6
20	88.6	64.1	59.7	90.8	79.7
21	88.6	62.2	49.8	89.1	75.8
22	87.7	71.5	70.6	84.4	80.9
23	78.0	44.9	46.4	84.2	69.5
24	73.2	49.3	51.0	77.9	67.4
25	76.2	64.7	64.4	72.9	71.2
26	72.8	52.4	43.8	79.0	65.2
27	55.8	53.5	58.7	83.9	66.1
28	88.3	78.9	76.4	68.9	77.9
29	38.3	24.7	28.5	65.7	44.2
30	62.9	45.0	40.8	76.0	59.9
31	78.1	50.2	44.0	65.0	62.4

HUMIDITÉ RELATIVE

CORDOBA, 1883

RÉSUMÉS DÉCADIQUES

Tab. XVI

MOIS	DÉCADES	HUMIDITÉ RELATIVE MOYENNE				
		7 a.	12 m.	2 p.	9 p.	DU JOUR
Janvier	1	72.0	—	38.4	56.7	55.7
	2	80.0	55.5	51.2	61.5	64.2
	3	79.7	50.5	47.1	64.0	63.6
Février	1	79.6	45.3	41.6	54.5	58.5
	2	83.9	53.7	50.4	73.2	69.2
	3	78.9	43.8	43.8	61.4	61.4
Mars	1	80.8	50.4	48.2	72.1	67.1
	2	84.3	64.0	59.2	74.3	72.6
	3	77.1	54.4	51.2	68.9	65.8
Avril	1	93.2	47.5	46.1	83.7	74.4
	2	71.6	37.5	33.1	73.7	59.5
	3	81.8	39.2	40.4	66.1	62.8
Mai	1	88.7	64.1	56.6	81.9	75.7
	2	84.2	53.8	48.0	78.9	70.4
	3	83.1	36.2	35.7	74.0	64.3
Juin	1	86.4	36.1	33.4	64.9	61.6
	2	88.1	62.0	57.9	78.8	74.9
	3	86.1	42.1	46.8	76.1	69.7
Juillet	1	91.4	57.8	56.4	79.7	75.8
	2	83.9	45.1	43.3	71.1	66.1
	3	72.8	33.2	30.1	62.7	55.2
Août	1	72.2	26.3	24.5	49.5	48.7
	2	64.1	28.5	26.3	46.6	45.7
	3	67.2	25.6	24.4	48.3	46.6
Septembre	1	63.2	37.1	35.0	50.5	49.6
	2	62.9	29.5	25.5	48.3	45.6
	3	74.7	40.6	36.4	63.2	58.1
Octobre	1	82.5	51.1	48.2	69.8	66.8
	2	80.0	47.0	45.1	68.7	64.6
	3	83.9	56.5	53.0	76.1	71.0
Novembre	1	85.8	62.9	60.1	81.2	75.7
	2	72.4	41.8	42.8	76.1	63.8
	3	73.4	50.4	51.3	78.3	67.7
Décembre	1	70.2	40.9	39.0	75.9	61.7
	2	85.1	68.9	64.5	87.8	79.1
	3	72.7	54.3	52.2	77.0	67.3

HUMIDITÉ RELATIVE

CORDOBA. 1883

RÉSUMÉS MENSUELS ET MINIMA

Tab. XVIII

MOIS	HUMIDITÉ RELATIVE MOYENNE					MINIMA	
	7 a.	12 m.	2 p.	9 p.	DU JOUR	%	Date et heure
Janvier ...	77.3	52.9	45.7	60.8	61.3	20.0	1 ; 2 p.
Février ...	80.9	47.9	45.4	63.2	63.2	32.0	1 ; 2 p.
Mars......	80.6	56.1	52.9	71.7	68.4	34.0	26 ; 2 p.
Avril	82.2	41.4	39.9	74.5	65.5	15.0	26 ; 2 p.
Mai.......	85.3	50.9	46.4	78.1	69.9	19.5	29 ; 2 p.
Juin......	86.9	46.7	46.0	73.3	68.7	17.8	4 ; 2 p.
Juillet	82.4	44.9	42.8	70.9	65.3	16.0	27 ; 2 p.
Août......	67.8	26.8	25.0	48.1	47.0	10.9	7 ; 2 p.
Septembre.	66.9	35.7	32.3	54.0	51.1	12.4	20 ; 2 p.
Octobre...	82.2	51.7	48.9	71.7	67.6	25.7	9 ; 2 p.
Novembre.	77.2	51.7	51.4	78.5	69.0	28.8	11 ; 2 p.
Décembre.	75.9	54.7	51.9	80.1	69.3	24.9	9 ; 2 p.
Été.......	78.0	51.8	47.7	68.0	64.6	20.0	1, I ; 2 p.
Automne..	82.7	49.5	46.4	74.8	67.9	15.0	26, IV ; 2 p.
Hiver.....	79.0	39.5	37.9	64.1	60.3	10.9	7, VIII ; 2 p.
Printemps.	75.4	46.4	44.2	68.1	62.6	12.4	20, IX ; 2 p.
Année	78.8	46.8	44.0	68.7	63.9	10.9	7, VIII ; 2 p.

ÉVAPORATION

CORDOBA, 1883

Janvier

Tab. XVIII, 1

DATES	AU SOLEIL				A L'OMBRE			
	7 a.	2 p.	9 p.	SOMME	7 a.	2 p.	9 p.	SOMME
1	0.4	5.8	3.0	9.2	0.4	2.0	2.1	4.5
2	0.7	5.7	2.7	9.1	0.9	1.8	1.8	4.5
3	1.0	8.0	5.4	14.4	1.2	4.0	3.8	9.0
4	1.8	9.2	6.8	17.8	1.6	5.1	5.0	11.7
5	3.1	4.8	2.1	10.0	2.3	3.0	0.4	5.7
6	2.4	3.8	2.0	8.2	1.6	3.9	1.7	7.2
7	0.2	5.9	3.8	9.9	0.2	2.2	2.6	5.0
8	0.8	3.9	1.1	5.8	0.8	0.9	0.6	2.3
9	0.1	4.5	1.5	6.1	0.1	1.1	1.0	2.2
10	0.2	5.8	3 4	9.4	0.2	1.8	2.1	4.1
11	0.9	0.4	1.1	2.4	0.9	0.4	0.5	1.8
12	1.7	2.3	1.2	5.2	0.9	0.6	0.6	2.1
13	0.1	3.9	1.6	5.6	0.1	0.8	1.0	1.9
14	0.3	5.5	2.4	8.2	0.3	1.9	1.4	3.6
15	0.4	0.8	1.8	3.0	0.4	0.6	1.0	2.0
16	0.1	4.4	2.9	7.4	0.1	1.4	1.8	3.3
17	0.2	5.2	2.6	8.0	0.3	1.8	1.6	3.7
18	0.2	5.5	4.6	10.3	0.3	2.2	3.3	5.8
19	1.5	6.4	3.6	11.5	1.7	3.0	2.0	6.7
20	0.5	3.8	2.2	6.5	0.4	1.3	1.2	2.9
21	0.3	4.7	3.2	8.2	0.2	1.8	2.2	4.2
22	0.5	3.9	0.6	5.0	0.4	1.3	0.5	2.2
23	0.1	4.3	3.4	7.8	0.1	1.1	2.1	3.3
24	0.3	6.2	1.2	7.7	0.5	2.4	1.0	3.9
25	0.4	4.5	3.4	8.3	0.4	1.3	1.4	3.1
26	0.3	4.1	2.5	6.9	0.3	1.5	1.4	3.2
27	1.0	0.5	0.1	1.6	0.8	0.5	0.1	1.4
28	0.0	3.4	3.6	7.0	0.0	1.3	1.7	3.0
29	0.1	5.2	4.8	10.1	0.2	1.9	2.6	4.7
30	0.4	3.5	3.1	7.0	0.4	1.4	1.7	3.5
31	0.2	0.8	2.9	3.9	0.2	0.8	1.1	2.1

ÉVAPORATION

CORDOBA, 1883

Février

Tab. XVIII, 2

DATES	AU SOLEIL				A L'OMBRE			
	7 a.	2 p.	9 p.	SOMME	7 a.	2 p.	9 p.	SOMME
1	0.0	3.8	3.8	7.6	0.1	1.3	2.6	4.0
2	0.1	4.6	3.6	8.3	0.2	1.4	1.3	2.9
3	0.1	3.4	3.2	6.7	0.1	1.0	1.3	2.4
4	0.1	4.7	4.4	9.2	0.2	1.4	2.2	3.8
5	0.2	5.4	4.9	10.5	0.3	2.5	2.7	5.5
6	0.6	4.9	3.1	8.6	0.6	1.7	1.5	3.8
7	0.5	1.6	2.4	4.5	0.5	0.4	0.7	1.6
8	0.2	2.4	2.3	4.9	0.2	0.8	1.1	2.1
9	0.3	4.4	2.8	7.5	0.3	1.2	1.4	2.9
10	0.2	6.1	5.5	11.8	0.2	2.8	2.6	5.6
11	0.1	3.2	3.4	6.7	0.1	1.3	1.2	2.6
12	0.1	4.8	3.3	8.2	0.1	1.3	1.2	2.6
13	0.2	4.8	3.5	8.5	0.2	1.2	1.3	2.7
14	0.2	4.7	4.0	8.9	0.2	1.7	2.2	4.1
15	0.2	2.8	2.9	5.9	0.2	0.9	1.1	2.2
16	0.0	0.1	0.2	0.3	0.0	0.1	0.2	0.3
17	0.4	1.0	0.6	2.0	0.4	0.5	0.2	1.1
18	0.1	3.5	2.7	6.3	0.1	0.8	0.8	1.7
19	0.1	3.9	3.0	7.0	0.1	0.9	1.0	2.0
20	0.2	3.7	2.3	6.2	0.2	0.8	0.9	1.9
21	0.0	4.0	2.7	6.7	0.0	0.9	1.6	2.5
22	0.1	2.7	1.4	4.2	0.1	0.8	1.2	2.1
23	0.2	2.8	1.0	4.0	0.2	1.0	0.7	1.9
24	0.0	4.6	2.7	7.3	0.0	1.9	1.8	3.7
25	0.4	4.8	2.0	7.2	0.4	1.7	1.5	3.6
26	0.2	4.9	4.1	9.2	0.2	2.0	2.2	4.4
27	0.0	4.2	3.9	8.1	0.0	1.1	1.9	3.0
28	1.3	5.7	3.7	10.7	1.0	2.8	1.8	5.6

ÉVAPORATION

CORDOBA, 1883

Mars

Tab. XVIII, 3

DATES	AU SOLEIL				A L'OMBRE			
	7 a.	2 p.	9 p.	SOMME	7 a.	2 p.	9 p.	SOMME
1	1.3	4.4	3.9	9.6	1.2	1.6	2.0	4.8
2	0.8	4.9	3.9	9.6	0.8	1.8	2.1	4.7
3	1.2	4.2	2.5	7.9	0.9	1.4	1.5	3.8
4	0.3	4.3	4.3	8.9	0.3	2.5	2.8	5.6
5	0.4	2.3	2.3	5.0	0.4	1.4	1.2	3.0
6	0.2	4.7	3.2	8.1	0.2	2.3	1.7	4.2
7	0.7	3.2	2.4	6.3	0.5	1.1	0.8	2.4
8	0.1	4.0	3.5	7.6	0.1	1.3	1.7	3.1
9	0.2	5.1	3.5	8.8	0.2	1.6	2.0	3.8
10	0.6	0.2	0.4	1.2	0.4	0.1	0.4	0.9
11	0.2	3.0	1.2	4.4	0.2	0.6	0.6	1.4
12	0	2.8	1.5	4.3	0	0.5	0.6	1.1
13	0.1	2.1	1.1	3.3	0.1	0.6	0.5	1.2
14	0.1	2.5	2.2	4.8	0.1	1.0	0.9	2.0
15	0	3.2	2.0	5.2	0	0.8	0.8	1.6
16	0	3.0	2.2	5.2	0	1.0	1.0	2.0
17	0.1	3.4	1.8	5.3	0.1	0.9	0.8	1.8
18	0.1	3.3	2.0	5.4	0.1	1.3	1.4	2.8
19	0	5.0	3.8	8.8	0	1.8	2.2	4.0
20	0.2	2.2	2.0	4.4	0.2	1.0	1.3	2.5
21	1.0	1.0	0.8	2.8	0.9	0.3	0.4	1.6
22	0.1	2.6	2.3	5.0	0.1	1.2	1.0	2.3
23	0.2	4.6	4.0	8.8	0.2	2.0	2.2	4.4
24	0.3	3.9	3.2	7.4	0.3	1.8	1.8	3.9
25	0.2	4.5	3.8	8.5	0.2	1.7	2.0	3.9
26	0.6	4.4	2.6	7.6	0.6	1.6	0.8	3.0
27	0.4	1.9	0.5	2.8	0.4	0.7	0.3	1.4
28	0.2	2.8	2.2	5.2	0.2	0.5	1.2	1.9
29	0.3	2.6	2.0	4.9	0.3	0.8	1.4	2.5
30	0.6	3.0	2.4	6.0	0.6	0.8	1.2	2.6
31	0.5	0.4	1.5	2.4	0.5	0.4	0.8	1.7

ÉVAPORATION

CORDOBA. 1883

Avril

Tab. XVIII, 4

DATES	Au soleil				A l'ombre			
	7 a.	2 p.	9 p.	Somme	7 a.	2 p.	9 p.	Somme
1	0.4	2.4	1.1	3.9	0.4	0.7	0.4	1.5
2	0.1	3.1	1.6	4.8	0.1	1.0	0.8	1.9
3	0.1	2.9	1.6	4.6	0.1	0.8	0.7	1.6
4	0.1	2.2	1.4	3.7	0.1	0.6	0.6	1.3
5	0.1	1.4	1.0	2.5	0.1	0.4	0.4	0.9
6	0	3.0	1.6	4.6	0	0.7	0.9	1.6
7	0.1	3.0	1.8	4.9	0.1	1.0	0.8	1.9
8	0.1	3.4	1.6	5.1	0.1	0.9	1.0	2.0
9	0.1	3.4	2.0	5.5	0.1	1.1	1.5	2.7
10	0.8	4.3	3.1	8.2	0.7	1.7	2.2	4.6
11	0.8	3.9	6.1	10.8	0.7	1.6	1.6	3.9
12	1.4	2.9	1.3	5.6	1.3	1.2	1.0	3.5
13	0.2	1.3	1.1	2.6	0.2	0.4	0.6	1.2
14	0.1	3.0	2.0	5.1	0.1	0.9	1.4	2.4
15	0	3.1	1.8	4.9	0	1.0	1.2	2.2
16	0.1	3.6	1.4	5.1	0.1	1.4	0.8	2.3
17	0.2	3.1	2.2	5.5	0.2	1.5	1.7	3.4
18	1.6	3.6	1.1	6.3	1.4	1.5	0.5	3.4
19	0.1	2.7	1.8	4.6	0.1	1.7	1.6	3.4
20	0.2	3.5	1.8	5.5	0.2	1.2	1.4	2.8
21	0.1	3.9	2.3	6.3	0.1	1.8	1.8	3.7
22	0.4	0.2	0.4	1.0	0.4	0.2	0.4	1.0
23	0.1	2.7	1.6	4.4	0.1	1.1	1.0	2.2
24	0.8	2.1	0.8	3.7	0.8	0.9	0.5	2.2
25	0.1	1.9	1.1	3.1	0.1	0.5	0.9	1.5
26	0.2	3.6	2.5	6.3	0.2	1.8	1.7	3.7
27	0.4	2.4	1.9	4.7	0.4	0.7	1.6	2.7
28	0.2	2.2	1.2	3.6	0.2	1.0	1.0	2.2
29	0.2	2.3	1.0	3.5	0.2	0.9	0.8	1.9
30	0.1	0.1	0.1	0.3	0.1	0.1	0.1	0.3

ÉVAPORATION

CORDOBA, 1883

Mai

Tab. XVIII, 5

DATES	AU SOLEIL				A L'OMBRE			
	7 a.	2 p.	9 p.	SOMME	7 a.	2 p.	9 p.	SOMME
1	0	0.1	0.8	0.9	0	0.1	0.5	0.6
2	0.4	3.2	1.4	5.0	0.4	1.6	1.0	3.0
3	0.3	2.3	1.7	4.3	0.3	0.7	1.2	2.2
4	0.3	2.7	1.4	4.4	0.3	0.9	1.0	2.2
5	0.1	1.6	1.1	2.8	0.1	0.6	0.7	1.4
6	0.3	1.8	·0.9	3.0	0.3	0.6	0.6	1.5
7	0.1	1.2	0.6	1.9	0.1	0.7	0.5	1.3
8	0.1	0.3	0.2	0.6	0.1	0.2	0.2	0.5
9	0.1	1.5	0.7	2.3	0.1	0.7	0.6	1.4
10	0.1	1.0	0.7	1.8	0.1	0.3	0.5	0.9
11	0.3	3.2	0.8	4.3	0.3	1.3	0.8	2.4
12	0.6	2.6	1.0	4.2	0.6	0.9	0.9	2.4
13	0.4	0.2	0.3	0.9	0.4	0.2	0.2	0.8
14	0.1	2.6	1.7	4.4	0.1	0.8	1.3	2.2
15	0.3	2.2	1.5	4.0	0.3	0.9	0.8	2.0
16	0.2	3.9	2.0	6.1	0.2	1.6	1.3	3.1
17	0.8	2.7	1.3	4.8	0.6	1.2	0.9	2.7
18	0.1	1.5	0.9	2.5	0.1	0.4	0.5	1.0
19	0.7	0.1	0.5	1.3	0.6	0.1	0.4	1.1
20	0.2	2.1	1.2	3.5	0.2	0.7	0.6	1.5
21	0.2	1.7	0.5	2.4	0.2	0.4	0.2	0.8
22	0	1.3	0.2	1.5	0	0.4	0.2	0.6
23	0	1.0	0.8	1.8	0	0.6	0.4	1.0
24	0.1	2.3	1.2	3.6	0.1	0.7	0.8	1.6
25	0.8	2.1	0.9	3.8	0.8	0.8	0.4	2.0
26	0.2	2.0	1.2	3.4	0.2	1.1	0.8	2.1
27	0.1	3.0	1.9	5.0	0.1	1.5	1.4	3.0
28	0.5	3.8	2.0	6.3	0.5	1.8	1.3	3.6
29	0.1	4.0	3.1	7.2	0.1	1.6	1.9	3.6
30	0.5	2.2	1.4	4·1	0.5	1.1	1.2	2.8
31	0.2	1.2	0.5	1.9	0.2	0.5	0.3	1.0

ÉVAPORATION

CORDOBA, 1883

Juin

Tab. XVII

DATES	AU SOLEIL				A L'OMBRE			
	7 a.	2 p.	9 p.	SOMME	7 a.	2 p.	9 p.	S
1	0.2	2.3	1.2	3.7	0.2	1.0	0.9	
2	0.1	1.2	1.6	2.9	0.1	0.5	1.0	
3	0.4	2.5	1.1	4.0	0.4	1.4	0.7	
4	1.4	2.9	2.2	6.5	0.9	1.4	2.2	
5	0.2	2.3	2.4	4.9	0.2	0.7	1.4	
6	0.4	3.0	2.8	6.2	0.4	1.1	1.6	
7	0.6	3.7	2.3	6.6	0.6	1.5	1.4	
8	0.3	2.7	1.7	4.7	0.3	0.9	1.1	
9	0.5	3.5	1.0	5.0	0.4	1.5	0.9	
10	0.3	3.0	3.0	6.3	0.3	1.4	2.2	
11	0.2	3.6	2.7	6.5	0.2	1.5	1.7	
12	0.2	1.8	1.4	3.4	0.3	0.9	1.1	
13	0.3	1.6	1.6	3.5	0.3	0.6	1.3	
14	0.9	1.7	1.1	3.7	0.7	0.6	0.8	
15	0.4	0.1	0.8	1.3	0.4	0.1	0.3	
16	0.7	1.3	0.7	2.7	0.5	0.6	0.6	
17	0.4	0.6	0.4	1.4	0.4	0.2	0.4	
18	0.3	0.7	0.4	1.4	0.3	0.2	0.2	
19	0.2	1.2	0.4	1.8	0.2	0.4	0.1	
20	0.2	0.7	0.4	1.3	0.2	0.2	0.3	
21	0.2	0.7	0.4	1.3	0.2	0 2	0.2	
22	0.2	0.8	0.9	1.9	0.2	0.3	0.4	
23	0.2	1.4	1.4	3.0	0.2	0.4	0.8	
24	0.4	4.1	2.7	7.2	0.3	1.8	1.5	
25	0.2	2.1	1.0	3.3	0.2	0.6	0.4	
26	0.5	0.3	0.2	1.0	0.4	0.3	0.2	
27	0.1	0.8	0.9	1.8	0.1	0.4	0.6	
28	0.2	2.7	2.2	5.1	0.2	1.4	1.2	
29	0.3	2.4	0.8	3.5	0.2	0.8	0.6	
30	0.2	2.2	1.2	3.6	0.2	0.8	0.7	

ÉVAPORATION

CORDOBA, 1883

Juillet

Tab. XVIII, 7

DATES	AU SOLEIL				A L'OMBRE			
	7 a.	2 p.	9 p.	SOMME	7 a.	2 p.	9 p.	SOMME
1	0.2	4.6	2.9	7.7	0.2	1.2	1.7	3.1
2	0.2	2.8	2.1	5.1	0.2	1.0	1.3	2.5
3	0.3	1.2	1.6	3.1	0.3	0.4	0.8	1.5
4	0.2	3.4	1.5	5.1	0.2	1.4	1.0	2.6
5	0.2	0.5	0.4	1.1	0.2	0.3	0.2	0.7
6	0.2	0.8	0.4	1.4	0.2	0.3	0.4	0.9
7	0.2	0.9	0.5	1.6	0.2	0.4	0.4	1.0
8	0.5	2.5	1.0	4.0	0.5	0.8	0.6	1.9
9	0.5	0.8	0.2	1.5	0.5	0.3	0.2	1.0
10	0.2	0.3	0.2	0.7	0.2	0.2	0.2	0.6
11	0	1.5	0.7	2.2	0	0.3	0.4	0.7
12	0.1	2.6	1.7	4.4	0.1	0.7	0.8	1.6
13	0.3	2.5	1.4	4.2	0.2	0.8	1.1	2.1
14	0.2	3.2	1.1	4.5	0.2	1.3	0.6	2.1
15	0.2	2.4	0.9	3.5	0.2	0.8	0.4	1.4
16	0.3	5.0	3.1	8.4	0.3	1.9	1.8	4.0
17	1.3	5.4	3.3	10.0	1.0	2.3	1.8	5.1
18	0.7	2.8	1.4	4.9	0.6	0.9	1.2	2.7
19	0.2	2.2	1.2	3.6	0.2	0.5	0.8	1.5
20	0.9	2.4	1.4	4.7	0.8	1.2	0.9	2.9
21	0.4	2.0	0.8	3.2	0.4	0.4	0.6	1.4
22	0.2	2.7	2.1	5.0	0.2	1.0	0.9	2.1
23	0.2	0.7	0.8	1.7	0.2	0.4	0.6	1.2
24	0.4	0.9	0.5	1.8	0.4	0.4	0.4	1.2
25	0.2	1.7	1.2	3.1	0.2	0.4	0.7	1.3
26	0.4	3.0	1.1	4.5	0.2	0.8	0.6	1.6
27	3	3.7	2.4	6.4	0.3	1.5	1.5	3.3
28	1.2	3.0	1.5	5.7	1.0	1.1	0.8	2.9
29	0.3	1.8	1.3	3.4	0.3	0.5	1.0	1.8
30	0.4	2.8	1.6	4.8	0.3	1.2	1.2	2.7
31	0.5	2.5	2.2	5.2	0.3	1.0	1.2	2.5

ÉVAPORATION

CORDOBA, 1883

Août

Tab. XVIII, 8

DATES	AU SOLEIL				A L'OMBRE			
	7 a.	2 p.	9 p.	SOMME	7 a.	2 p.	9 p.	SOMME
1	0.5	3.5	2.7	6.7	0.4	1.4	1.4	3.2
2	0.8	4.6	3.2	8.6	0.6	1.8	1.8	4.2
3	1.5	2.4	1.4	5.3	1.0	0.8	0.9	2.7
4	0.2	2.0	1.5	3.7	0.2	0.6	1.0	1.8
5	0.2	5.3	3.1	8.6	0.2	2.2	2.2	4.6
6	0.8	3.2	1.8	5.8	0.4	1.1	1.1	2.6
7	0.4	3.5	3.4	7.3	0.4	1.8	1.6	3.8
8	0.4	4.3	4.2	8.9	0.4	1.9	2.2	4.5
9	1.0	3.2	2.8	7.0	0.7	1.5	1.6	3.8
10	0.5	6.2	4.7	11.4	0.4	2.3	2.2	4.9
11	1.3	5.4	2.4	9.1	1.0	2.2	1.8	5.0
12	0.4	3.3	2.7	6.4	0.4	1.3	1.4	3.1
13	1.2	4.1	3.5	8.8	0.9	1.6	2.5	5.0
14	2.6	3.3	2.0	7.9	2.1	1.1	1.2	4.4
15	1.8	4.4	2.8	9.0	1.1	1.8	1.9	4.8
16	1.1	4.1	2.3	7.5	0.9	1.5	1.8	4.2
17	1.1	2.9	1.4	5.4	1.0	1.0	0.8	2.8
18	0.2	2.1	1.4	3.7	0.2	0.6	0.8	1.6
19	0.2	2.2	1.4	3.8	0.2	0.6	0.8	1.6
20	0.3	4.4	3.2	7.9	0.2	1.8	1.8	3.8
21	2.2	6.4	4.5	13.1	1.1	2.7	2.4	6.2
22	0.8	3.0	2.0	5.8	0.6	1.1	1.4	3.1
23	1.4	3.8	2.0	7.2	1.0	1.6	1.1	3.7
24	0.2	2.4	1.3	3.9	0.2	0.6	0.8	1.6
25	0.3	4.3	2.4	7.0	0.3	1.8	1.6	3.7
26	0.5	3.2	1.8	5.5	0.4	0.9	1.1	2.4
27	0.4	4.2	1.8	6.4	0.4	1.6	1.0	3.0
28	0.4	3.0	1.8	5.2	0.4	0.7	1.1	2.2
29	0.3	5.1	3.6	9.0	0.3	2.2	1.8	4.3
30	1.4	5.3	4.9	11.6	1.1	2.1	2.5	5.7
31	0.5	3.2	2.0	5.7	0.4	0.8	1.2	2.4

ÉVAPORATION

CORDOBA, 1883

Septembre

Tab. XVIII, 9

DATES	AU SOLEIL				A L'OMBRE			
	7 a.	2 p.	9 p.	SOMME	7 a.	2 p.	9 p.	SOMME
1	0.2	2.0	2.0	4.2	0.2	0.6	1.3	2.1
2	2.3	2.5	1.8	6.6	1.8	1.6	1.2	4.6
3	1.3	3.0	0.9	5.2	1.0	1.0	0.6	2.6
4	0.3	2.6	1.0	3.9	0.3	0.8	0.6	1.7
5	0.7	1.8	1.4	3.9	0.6	0.5	0.6	1.7
6	0.2	4.8	4.4	9.4	0.2	1.8	2.4	4.4
7	0.6	5.8	3.0	9.4	0.5	2.3	2.3	5.1
8	1.2	1.7	1.4	4.3	0.8	1.0	0.8	2.6
9	0.6	4.1	1.9	6.6	0.5	1.6	1.0	3.1
10	1.4	3.2	2.2	6.8	1.2	1.0	1.0	3.2
11	0.3	3.8	2.8	6.9	0.3	1.4	1.6	3.3
12	0.4	4.4	2.2	7.0	0.4	1.6	1.2	3.2
13	0.4	5.0	3.8	9.2	0.4	2.0	2.0	4.4
14	0.4	4.9	3.6	8.9	0.3	2.0	2.2	4.5
15	0.4	4.4	2.9	7.7	0.3	2.0	1.4	3.7
16	0.2	4.6	3.1	7.9	0.2	1.6	1.5	3.3
17	0.4	5.8	4.9	11.1	0.4	2.0	2.7	5.1
18	1.2	7.2	5.3	13.7	0.9	3.0	2.8	6.7
19	1.6	1.8	1.7	5.1	1.2	1.0	1.1	3.3
20	0.8	5.0	2.6	8.4	0.7	2.0	1.4	4.1
21	0.4	3.7	2.9	7.0	0.3	1.0	1.7	3.0
22	0.6	5.6	3.7	9.9	0.5	2.1	2.1	4.7
23	0.3	6.0	4.6	10.9	0.3	2.5	2.4	5.2
24	0.7	5.0	5.3	11.0	0.5	2.3	2.8	5.6
25	0.4	2.6	1.6	4.6	0.4	1.0	0.6	2.0
26	0.1	1.5	1.5	3.1	0.1	0.8	0.8	1.7
27	0	2.4	2.4	4.8	0	0.5	1.0	1.5
28	0.2	2.3	2.0	4.5	0.2	1.1	1.2	2.5
29	0.3	4.9	2.8	8.0	0.4	1.8	1.5	3.7
30	0.8	4.5	2.2	7.5	0.6	1.6	1.2	3.4

ÉVAPORATION

CORDOBA, 1883

Octobre

Tab. XVIII, 10

DATES	AU SOLEIL				A L'OMBRE			
	7 a.	2 p.	9 p.	SOMME	7 a.	2 p.	9 p.	SOMME
1	0.4	1.2	0.3	1.9	0.3	0.6	0.1	1.0
2	0.3	2.4	2.2	4.9	0.3	0.6	1.1	2.0
3	0.4	2.9	1.0	4.3	0.4	0.9	0.7	2.0
4	0.1	1.7	1.0	2.8	0.1	0.4	0.4	0.9
5	0.2	1.4	1.3	2.9	0.2	0.5	0.5	1.2
6	0.2	4.4	3.4	8.0	0.2	1.0	2.0	3.2
7	0.7	2.2	0.8	3.7	0.6	0.8	0.6	2.0
8	0.4	3.7	1.9	6.0	0.4	0.9	1.0	2.3
9	0.2	6.2	3.8	10.2	0.2	2.2	2.2	4.6
10	0.2	3.6	1.6	5.4	0.2	1.3	1.0	2.5
11	0.3	2.3	1.4	4.0	0.3	0.7	1.0	2.0
12	0.2	3.2	2.2	5.6	0.2	0.8	0.9	1.9
13	0.2	4.2	2.8	7.2	0.2	1.2	1.5	2.9
14	0.4	6.0	4.2	10.6	0.4	2.1	2.5	5.0
15	0.7	6.6	4.8	12.1	0.6	2.5	2.8	5.9
16	1.5	4.2	1.5	7.2	1.2	1.6	1.0	3.8
17	0.2	3.8	2.2	6.2	0.2	1.1	0.8	2.1
18	0.3	4.2	1.6	6.1	0.3	1.1	1.0	2.4
19	0	1.1	0.6	1.7	0	0.8	0.5	1.3
20	0	0.8	1.3	2.1	0	0.4	0.8	1.2
21	0.2	4.2	2.1	6.5	0.2	1.3	0.7	2.2
22	0.2	4.7	2.9	7.8	0.2	1.3	1.4	2.9
23	0.2	4.4	2.2	6.8	0.2	1.0	1.4	2.6
24	0.6	4.7	3.1	8.4	0.6	1.3	1.5	3.4
25	0.2	1.0	1.2	2.4	0.2	0.4	0.8	1.4
26	0	0.6	0.3	0.9	0.1	0.4	0.3	0.8
27	0.1	4.5	1.8	6.4	0.1	1.6	1.1	2.8
28	0.3	0.8	1.8	2.9	0.3	0.4	1.1	1.8
29	0.1	0.1	0.7	0.9	0.1	0.1	0.4	0.6
30	0.1	3.5	2.3	5.9	0.1	0.6	0.9	1.6
31	0	0.8	0.7	1.5	0	0.4	0.4	0.8

ÉVAPORATION

CORDOBA, 1883

Décembre

Tab. XVIII, 12

DATES	AU SOLEIL				A L'OMBRE			
	7 a.	2 p.	9 p.	SOMME	7 a.	2 p.	9 p.	SOMME
1	0.2	5.9	3.9	10.0	0.2	1.9	1.8	3.9
2	0.4	5.6	2.7	8.7	0.4	1.8	1.4	3.6
3	0.1	3.5	2.2	5.8	0.1	0.7	1.0	1.8
4	0.6	5.6	2.9	9.1	0.6	1.6	1.3	3.5
5	0	5.6	3.6	9.2	0	1.7	1.7	3.4
6	0.6	6.3	4.1	11.0	0.6	2.4	2.0	5.0
7	0.2	6.1	4.0	10.3	0.2	2.1	1.9	4.2
8	0.2	6.5	3.8	10.5	0.3	2.2	2.2	4.7
9	0.8	7.5	4.9	13.2	0.8	3.2	2.4	6.4
10	0.8	6.5	4.3	11.6	0.8	2.1	2.3	5.2
11	0.8	1.5	2.1	4.4	0.6	0.6	0.9	2.1
12	0.3	4.6	3.5	8.4	0.3	1.3	1.4	3.0
13	0.3	0.8	2.2	3.3	0.3	0.3	0.6	1.2
14	0.3	4.5	1.8	6.6	0.3	1.0	0.5	1.8
15	0.4	5.0	2.3	7.7	0.4	1.5	1.2	3.1
16	0.1	0.6	0.4	1.1	0.1	0.4	0.3	0.8
17	0.3	3.6	2.5	6.4	0.3	0.6	0.9	1.8
18	0.2	3.6	1.6	5.4	0.2	0.7	0.6	1.5
19	0.1	2.4	1.6	4.1	0.1	0.5	0.4	1.0
20	0.2	4.3	1.6	6.1	0.2	1.0	0.6	1.8
21	0.3	3.0	2.3	5.6	0.3	1.0	0.8	2.1
22	0.1	3.5	2.0	5.6	0.1	1.0	1.1	2.2
23	1.0	4.5	2.0	7.5	0.8	1.3	1.2	3.3
24	0.2	3.8	1.9	5.9	0.2	0.8	0.7	1.7
25	0.1	1.9	1.2	3.2	0.1	0.7	0.8	1.6
26	0.2	3.5	2.6	6.3	0.2	1.2	1.2	2.6
27	0.6	4.2	1.8	6.6	0.5	1.7	1.1	3.3
28	0.2	1.2	1.0	2.4	0.2	0.4	0.7	1.3
29	1.2	4.3	2.2	7.7	0.7	1.4	1.1	3.2
30	0.1	5.1	3.0	8.2	0.1	1.5	1.7	3.3
31	0.2	4.3	2.6	7.1	0.2	1.3	1.5	3.0

SOMMES DE L'ÉVAPORATION

CORDOBA, 1883

RÉSUMÉS DÉCADIQUES — Tab. XIX

MOIS	DÉCADES	AU SOLEIL 7 a.	2 p.	9 p.	SOMME	A L'OMBRE 7 a.	2 p.	9 p.	SOMME
Janvier..	1	10.7	57.4	31.8	99.9	9.3	25.8	21.1	56.2
	2	5.9	38.2	24.0	68.1	5.4	14.0	14.4	33.8
	3	3.6	41.1	28.8	73.5	3.5	15.3	15.8	34.6
Février..	1	2.3	41.3	36.0	79.6	2.7	14.5	17.4	34.6
	2	1.6	32.5	25.9	60.0	1.6	9.5	10.1	21.2
	3	2.2	33.7	21.5	57.4	1.9	12.2	12.7	26.8
Mars...	1	5.8	37.3	29.9	73.0	5.0	15.1	16.2	36.3
	2	0.8	30.5	19.8	51.1	0.8	9.5	10.1	20.4
	3	4.4	31.7	25.3	61.4	4.3	11.8	13.1	29.2
Avril...	1	1.9	29.1	16.8	47.8	1.8	8.9	9.3	20.0
	2	4.7	30.7	20.6	56.0	4.3	12.4	11.8	28.5
	3	2.6	21.4	12.9	36.9	2.6	9.0	9.8	21.4
Mai....	1	1.8	15.7	9.5	27.0	1.8	6.4	6.8	15.0
	2	3.7	21.1	11.2	36.0	3.4	8.1	7.7	19.2
	3	2.7	24.6	13.7	41.0	2.7	10.5	8.9	22.1
Juin ...	1	4.4	27.1	19.3	50.8	3.8	11.4	12.4	27.6
	2	3.8	13.3	9.9	27.0	3.5	5.3	6.8	15.6
	3	2.5	17.5	11.7	31.7	2.2	7.0	6.6	15.8
Juillet ..	1	2.7	17.8	10.8	31.3	2.7	6.3	6.8	15.8
	2	4.2	30.0	16.2	50.4	3.6	10.7	9.8	24.1
	3	4.5	24.8	15.5	44.8	3.8	8.7	9.5	22.0
Août ...	1	6.3	38.2	28.8	73.3	4.7	15.4	16.0	36.1
	2	10.2	36.2	23.1	69.5	8.0	13.5	14.8	36.3
	3	8.4	43.9	28.1	80.4	6.2	16.1	16.0	38.3
Septembre.	1	8.8	31.5	20.0	60.3	7.1	12.2	11.8	31.1
	2	6.1	46.9	32.9	85.9	5.1	18.6	17.9	41.6
	3	3.8	38.5	29.0	71.3	3.3	14.7	15.3	33.3
Octobre..	1	3.1	29.7	17.3	50.1	2.9	9.2	9.6	21.7
	2	3.8	36.4	22.6	62.8	3.4	12.3	12.8	28.5
	3	2.0	29.3	19.1	50.4	2.1	8.8	10.0	20.9
Novembre.	1	3.7	28.0	22.0	53.7	3.2	7.8	9.2	20.2
	2	3.3	44.0	26.7	74.0	3.1	14.5	11.5	29.1
	3	4.8	34.7	22.6	62.1	4.3	11.3	9.5	25.1
Décembre.	1	3.9	59.1	36.4	99.4	4.0	19.7	18.0	41.7
	2	3.0	30.9	19.6	53.5	2.8	7.9	7.4	18.1
	3	4.2	39.3	22.6	66.1	3.4	12.3	11.9	27.6

SOMMES DE L'ÉVAPORATION

ET ÉVAPORATION MOYENNE EN 24 HEURES

CORDOBA, 1883

Selon mois

Tab. XX

MOIS	SOMMES		ÉVAPORATION MOYENNE	
	AU SOLEIL	A L'OMBRE	AU SOLEIL	A L'OMBRE
	mm.	mm.	mm.	mm.
Janvier........	241.5	124.6	7.79	4.02
Février.........	197.0	82.6	7.04	2.95
Mars...........	185.5	85.9	5.98	2.77
Avril	140.7	69.9	4.69	2.33
Mai............	104.0	56.3	3.35	1.82
Juin............	109.5	59.0	3.65	1.97
Juillet	126.5	61.9	4.08	2.00
Août...........	223.2	110.7	7.20	3.57
Septembre......	217.5	106.0	7.25	3.53
Octobre........	163.3	71.1	5.27	2.29
Novembre......	189.8	74.4	6.33	2.48
Décembre......	219.0	87.4	7.06	2.82
Été............	657.5	294.6	7.31	3.27
Automne.......	430.2	212.1	4.68	2.31
Hiver..........	459.2	231.6	4.99	2.52
Printemps......	570.6	251.5	6.27	2.76
Année	2117.5	989.8	5.80	2.71

COMPARAISON DES QUANTITÉS ÉVAPORÉES

AU SOLEIL (S) AVEC CELLES A L'OMBRE (O)

CORDOBA 1883

Tab. XXII

MOIS	DÉCADES	S : O	S — O	MOIS	DÉCADES	S : O	S — O
Janvier	1	1.78	43.7	Juillet	1	1.36	15.5
	2	2.[illegible]1	34.3		2	2.09	26.3
	3	2.12	38.[illegible]		3	2.04	22.8
Février	1	2.30	47.[illegible]	Août	1	2.03	37.2
	2	2.83	48.8		2	1.94	33.2
	3	2.14	30.5		3	2.10	42.1
Mars	1	2.01	36.7	Septembre	1	1.94	29.2
	2	2.50	30.7		2	2.06	44.3
	3	2.10	32.2		3	2.14	38.0
Avril	1	2.39	27.8	Octobre	1	2.31	28.4
	2	1.96	27.5		2	2.20	34.3
	3	1.72	15.5		3	2.41	29.5
Mai	1	1.80	12.0	Novembre	1	2.66	33.5
	2	1.88	16.8		2	2.54	44.9
	3	1.85	18.9		3	2.47	37.0
Juin	1	1.84	23.2	Décembre	1	2.38	57.7
	2	1.73	11.4		2	2.96	35.4
	3	2.00	15.9		3	2.39	38.5
Janvier		1.94	116.9	Juillet		2.04	64.6
Février		2.[illegible]	11[illegible].[illegible]	Août		2.02	112.5
Mars		2.16	99.6	Septembre		2.05	111.5
Avril		2.01	70.8	Octobre		2.30	92.2
Mai		1.8[illegible]	[illegible]	Novembre		2.55	115.4
Juin		1.8[illegible]	[illegible]	Décembre		2.51	131.6
Été		2.21	[illegible]	Hiver		1.98	227.6
Automne		2.01	218.1	Printemps		2.27	319.4
Année		2.1[illegible]	112[illegible].[illegible]				

TEMPÉRATURES DU SOL

CORDOBA, 1883

A 7.5 centimètres de profondeur

Tab. XXIII, 2

DATES	MARS 7 a.	2 p.	9 p.	MOYENNE	AVRIL 7 a.	2 p.	9 p.	MOYENNE
1	[illegible]	23.4	23.2	22.13	15.4	17.1	16.0	16.17
[illegible]	[illegible]	[illegible]	[illegible]	[illegible]	13.3	16.2	15.6	15.03
[illegible]	[illegible]	[illegible]	[illegible]	[illegible]	13.6	16.4	15.8	15.27
[illegible]	[illegible]	[illegible]	[illegible]	[illegible]	12.6	15.5	15.8	14.97
[illegible]	[illegible]	[illegible]	[illegible]	[illegible]	[illegible]	17.25	16.6	16.10
[illegible]	[illegible]	[illegible]	[illegible]	[illegible]	[illegible]	[illegible]	17.3	17.10
[illegible]	[illegible]	[illegible]	[illegible]	[illegible]	[illegible]	[illegible]	17.5	16.77
[illegible]	[illegible]	[illegible]	[illegible]	[illegible]	[illegible]	[illegible]	18.4	17.40
[illegible]	[illegible]	[illegible]	[illegible]	[illegible]	[illegible]	[illegible]	19.8	18.67
[illegible]	[illegible]	[illegible]	[illegible]	[illegible]	[illegible]	[illegible]	21.2	20.40
[illegible]	[illegible]	[illegible]	[illegible]	[illegible]	[illegible]	[illegible]	[illegible]	21.47
[illegible]	[illegible]	[illegible]	[illegible]	[illegible]	[illegible]	[illegible]	[illegible]	19.17
[illegible]	[illegible]	[illegible]	[illegible]	[illegible]	[illegible]	[illegible]	[illegible]	[illegible]
[illegible]	[illegible]	[illegible]	[illegible]	[illegible]	[illegible]	[illegible]	[illegible]	[illegible]
[illegible]	[illegible]	[illegible]	[illegible]	[illegible]	[illegible]	[illegible]	[illegible]	[illegible]
[illegible]	[illegible]	[illegible]	[illegible]	[illegible]	[illegible]	[illegible]	[illegible]	[illegible]
[illegible]	[illegible]	[illegible]	[illegible]	[illegible]	[illegible]	[illegible]	[illegible]	[illegible]
[illegible]	[illegible]	[illegible]	[illegible]	[illegible]	[illegible]	[illegible]	[illegible]	[illegible]
[illegible]	[illegible]	[illegible]	[illegible]	[illegible]	[illegible]	[illegible]	[illegible]	[illegible]
[illegible]	[illegible]	[illegible]	[illegible]	[illegible]	[illegible]	[illegible]	[illegible]	[illegible]
[illegible]	[illegible]	[illegible]	[illegible]	[illegible]	[illegible]	[illegible]	[illegible]	[illegible]
[illegible]	[illegible]	[illegible]	[illegible]	[illegible]	[illegible]	[illegible]	[illegible]	[illegible]
[illegible]	[illegible]	[illegible]	[illegible]	[illegible]	[illegible]	[illegible]	[illegible]	[illegible]
[illegible]	[illegible]	[illegible]	[illegible]	[illegible]	[illegible]	[illegible]	[illegible]	[illegible]
[illegible]	[illegible]	[illegible]	[illegible]	[illegible]	[illegible]	[illegible]	[illegible]	[illegible]
[illegible]	[illegible]	[illegible]	[illegible]	[illegible]	[illegible]	[illegible]	[illegible]	[illegible]
[illegible]	[illegible]	[illegible]	[illegible]	[illegible]	[illegible]	[illegible]	[illegible]	[illegible]
[illegible]	[illegible]	[illegible]	[illegible]	[illegible]	[illegible]	[illegible]	[illegible]	[illegible]
[illegible]	[illegible]	[illegible]	[illegible]	[illegible]	[illegible]	[illegible]	[illegible]	[illegible]
[illegible]	[illegible]	[illegible]	[illegible]	[illegible]	[illegible]	[illegible]	[illegible]	[illegible]

TEMPÉRATURES DU SOL

CORDOBA, 1883

A 7. 5 centimètres de profondeur

Tab. XXIII, 3

ES	MAI				JUIN			
	7 a.	2 p.	9 p.	MOYENNE	7 a.	2 p.	9 p.	MOYENNE
	11.1	13.7	13.3	12.70	10.9	15.0	14.8	13.57
	13.2	16.5	16.0	15.23	11.6	15.5	14.2	13.77
	14.2	18.1	18.1	16.80	10.3	13.6	12.0	11.97
	15.2	18.4	17.8	17.13	8.0	13.1	12.1	11.07
	15.7	18.4	17.6	17.23	7.9	13.2	13.0	11.37
	15.8	17.9	16.0	16.57	9.4	14.4	14.0	12.60
	14.2	16.8	16.8	15.93	10.4	15.2	15.4	13.67
	14.8	15.9	14.8	15.17	12.3	16.6	15.7	14.87
	13.0	14.8	14.2	14.00	11.2	15.2	13.6	13.33
	14.1	16.9	16.7	15.90	9.1	14.8	14.1	12.67
	15.8	19.5	18.7	18.00	10.3	15.6	15.5	13.80
	16.4	18.8	16.8	17.33	12.1	16.1	15.0	14.40
	13.4	14.0	12.7	13.37	14.1	17.3	16.8	16.07
	9.2	12.7	11.6	11.17	16.1	19.0	18.4	17.83
	10.4	13.4	12.1	11.97	15.6	15.1	13.4	14.70
	9.3	14.4	13.8	12.50	11.6	12.4	11.1	11.70
	13.2	16.4	15.6	15.07	9.8	11.4	10.1	10.43
	13.4	17.2	17.0	15.87	9.0	10.3	9.7	9.67
	15.7	15.3	14.3	15.10	7.2	10.1	9.0	8.77
	12.3	14.6	13.4	13.43	6.0	8.8	8.4	7.73
	10.4	13.3	11.2	11.63	7.6	9.7	8.0	8.43
	8.4	12.6	11.6	10.87	4.4	8.3	6.6	6.43
	9.2	12.8	11.6	11.20	2.7	7.7	7.0	5.80
	7.8	12.6	11.6	10.67	4.2	9.9	9.6	7.90
	10.0	11.6	9.4	10.33	6.4	11.0	9.6	9.00
	5.6	8.9	8.0	7.50	8.8	9.9	9.8	9.50
	5.2	9.8	9.5	8.17	8.8	11.0	9.0	9.60
	6.9	11.1	10.5	9.50	5.5	10.2	9.4	8.33
	6.9	11.9	11.6	10.13	6.0	11.5	9.4	8.97
	8.7	14.4	12.2	11.77	5.7	11.8	11.0	9.50
	8.9	12.5	11.8	11.07				

TEMPÉRATURES DU SOL

CORDOBA, 1883

A 7.5 centimètres de profondeur

Tab. XXIII, 4

DATES	JUILLET				AOUT			
	7 a.	2 p.	9 p.	MOYENNE	7 a.	2 p.	9 p.	MOYENNE
1	6.8	13.4	12.7	10.97	5.2	9.9	8.8	7.97
2	8.1	13.9	14.0	12.00	5.8	11.0	10.1	8.97
3	11.5	15.7	15.8	14.33	7.2	12.3	11.2	10.23
4	13.6	18.3	16.8	16.23	7.5	12.9	12.1	10.83
5	13.4	15.0	14.9	14.43	9.2	13.6	11.2	11.33
6	13.8	14.2	12.6	13.53	6.3	12.8	10.4	9.83
7	10.6	11.8	11.0	11.13	5.4	12.7	11.2	9.77
8	8.0	11.4	10.1	9.83	5.7	13.1	12.5	10.43
9	8.6	9.9	9.0	9.17	8.1	14.9	13.4	12.13
10	8.1	9.7	9.0	8.93	8.6	16.4	15.8	13.60
11	6.0	10.2	8.8	8.33	12.7	18.8	16.8	16.10
12	6.9	10.7	9.6	9.07	11.5	17.1	15.8	14.80
13	7.0	13.2	11.9	10.70	13.6	20.3	17.9	17.27
14	8.6	13.2	11.0	10.93	12.7	17.8	14.5	15.00
15	8.5	13.7	13.6	11.93	11.3	18.4	15.9	15.20
16	13.3	17.8	17.8	16.30	11.0	16.7	14.1	13.93
17	13.9	19.0	18.3	17.07	9.2	14.8	11.8	11.93
18	15.6	19.5	17.8	17.63	6.4	13.7	11.4	10.50
19	13.2	16.7	14.5	14.80	6.3	13.8	11.7	10.60
20	10.3	11.3	9.2	10.27	6.6	13.2	11.6	10.47
21	4.7	8.9	6.6	6.73	8.4	14.8	14.0	12.40
22	2.6	7.0	6.1	5.23	9.2	16.2	14.2	13.20
23	3.5	7.4	6.8	5.90	10.6	16.9	14.2	13.90
24	5.1	6.6	4.9	5.53	8.9	16.0	13.5	12.80
25	1.4	6.5	5.6	4.50	8.4	14.6	12.3	11.77
26	2.4	9.4	7.7	6.50	6.4	15.1	12.4	11.30
27	4.2	10.8	10.0	8.33	7.8	14.5	11.7	11.33
28	6.0	10.5	8.3	8.27	6.5	15.6	13.2	11.77
29	3.3	9.5	8.4	7.07	7.9	12.8	14.6	11.77
30	3.8	10.0	7.5	7.10	11.4	21.6	19.8	17.60
31	3.0	8.8	7.8	6.53	14.6	21.7	19.5	18.60

TEMPÉRATURES DU SOL

CORDOBA, 1883

A 7.5 centimètres de profondeur

Tab. XXIII, 6

DATES	NOVEMBRE				DÉCEMBRE			
	7 a.	2 p.	9 p.	MOYENNE	7 a.	2 p.	9 p.	MOYENNE
1	14.4	19.5	18.0	17.30	18.5	23.9	22.3	21.57
2	15.6	18.7	18.2	17.50	17.7	22.2	20.2	20.03
3	17.0	19.0	18.4	18.13	17.6	22.5	20.6	20.23
4	16.4	18.6	19.7	18.23	18.0	24.6	22.5	21.70
5	17.8	22.5	21.2	20.50	19.3	24.8	22.4	22.17
6	19.3	23.8	21.9	21.67	19.6	19.2	22.7	20.50
7	18.4	20.8	20.4	19.87	20.4	25.7	24.2	23.43
8	17.8	20.4	19.4	19.20	21.5	26.8	25.2	24.50
9	18.5	22.8	22.0	21.10	22.4	28.0	26.0	25.47
10	19.3	21.2	18.9	19.80	22.9	28.6	26.8	26.10
11	16.9	20.6	19.2	18.90	23.8	25.4	24.7	24.63
12	18.4	24.1	20.8	21.10	21.6	25.2	24.4	23.73
13	17.3	20.2	17.8	18.43	20.2	22.6	22.8	21.87
14	15.0	19.9	18.4	17.77	20.0	24.8	23.8	22.87
15	16.3	23.0	21.1	20.13	20.5	24.4	21.6	22.17
16	18.0	21.7	19.3	19.67	20.6	20.6	20.2	20.47
17	16.7	19.8	19.0	18.50	18.8	23.6	23.6	22.00
18	16.6	20.6	18.7	18.63	21.2	24.6	23.9	23.23
19	17.1	19.8	19.4	18.77	21.9	23.4	23.3	22.87
20	17.1	24.2	22.6	20.97	20.5	25.2	24.8	23.50
21	20.1	26.1	24.3	23.5[illegible]	21.6	24.0	23.2	22.93
22	20.0	21.9	20.6	20.83	22.1	25.0	23.9	23.67
23	19.1	24.9	21.6	21.8[illegible]	20.2	23.4	21.6	21.73
24	18.8	22.2	21.5	20.83	18.2	24.5	21.7	21.13
25	20.0	[illegible]	[illegible]	[illegible]	[illegible]	21.9	19.6	20.27
26	11.1	19.1	[illegible]	[illegible]	[illegible]	21.4	20.4	19.80
27	10.1	18.4	[illegible]	[illegible]	[illegible]	22.4	22.2	20.67
28	14.8	19.8	[illegible]	[illegible]	[illegible]	21.4	19.5	20.53
29	14.1	20.6	18.3	[illegible]	[illegible]	20.5	20.1	19.33
30	10.1	21.0	20.8	[illegible]	16.5	21.5	21.2	19.73
31					17.8	23.0	22.8	21.20

TEMPÉRATURES DU SOL

CORDOBA, 1883

A 15 centimètres de profondeur

Tab. XXIV, 1

DATES	JANVIER				FÉVRIER			
	7 a.	2 p.	9 p.	MOYENNE	7 a.	2 p.	9 p.	MOYENNE
1	22.4	24.2	26.7	24.43	17.2	17.9	19.3	18.13
2	23.7	25.1	27.4	25.40	17.2	18.2	19.3	18.20
3	24.7	26.8	29.2	26.90	18.1	19.7	22.1	19.97
4	26.4	28.1	30.6	28.37	19.8	20.8	23.4	21.33
5	28.0	28.3	28.3	28.20	21.0	22.2	24.7	22.63
6	25.7	26.8	28.6	27.03	22.3	23.5	26.2	24.00
7	25.55	27.2	29.9	27.55	29.6	23.4	23.6	23.53
8	25.5	25.2	25.4	25.37	21.8	22.5	24.50	22.95
9	23.3	24.4	26.0	24.57	23.0	23.8	25.5	24.10
10	24.1	25.0	25.8	24.97	23.0	24.3	26.0	24.43
11	22.9	21.5	20.4	21.60	22.2	22.2	23.0	22.47
12	18.2	18.8	19.8	18.93	20.5	21.6	23.4	21.83
13	18.3	19.3	21.2	19.60	21.3	22.8	23.8	22.63
14	19.5	20.5	22.4	20.80	21.7	22.7	24.5	22.97
15	20.3	19.5	18.6	19.47	22.8	23.2	24.8	23.60
16	17.4	18.3	19.6	18.43	22.8	22.2	21.8	22.27
17	17.7	19.0	21.4	19.37	20.1	20.2	20.3	20.20
18	19.6	21.3	23.6	21.50	19.2	19.9	21.4	20.17
19	22.0	23.9	24.4	23.43	19.2	20.0	21.7	20.30
20	21.1	21.9	22.7	21.90	19.4	19.9	21.6	20.30
21	19.7	21.2	23.4	21.43	19.4	20.3	21.9	20.53
22	20.8	22.1	22.8	21.90	19.7	20.9	21.4	20.67
23	20.9	22.5	25.2	22.87	19.9	20.8	21.2	20.63
24	22.4	24.2	24.2	23.60	19.6	20.8	22.0	20.80
25	21.4	22.4	25.0	22.93	20.0	20.9	21.5	20.80
26	22.2	23.25	25.1	23.52	19.4	20.6	22.8	20.93
27	23.0	22.4	21.2	22.20	21.0	22.9	25.3	23.07
28	19.8	20.5	22.6	20.97	23.7	23.5	23.8	23.67
29	20.2	21.5	24.4	22.03				
30	22.4	23.6	23.8	23.27				
31	20.1	19.5	20.3	19.97				

TEMPÉRATURES DU SOL

CORDOBA. 1883

A 15 centimètres de profondeur

Tab.

DATES	MARS				AVRIL		
	7 a.	2 p.	9 p.	MOYENNE	7 a.	2 p.	9 p.
1	21.3	21.8	23.5	22.20	16.9	17.0	17.0
2	21.5	23.0	25.6	23.37	15.1	15.7	16.4
3	23.2	23.4	24.0	23.53	15.0	15.7	16.4
4	22.1	23.2	25.5	23.60	14.4	15.4	16.2
5	23.2	23.0	23.4	23.20	15.5	16.2	17.0
6	21.6	23.0	24.6	23.07	16.2	17.2	17.7
7	23.3	25.2	24.0	24.17	15.8	17.20	17.8
8	21.7	23.1	24.3	23.03	16.2	17.4	18.4
9	22.4	23.6	24.6	23.53	16.9	18.5	19.6
10	20.8	19.8	19.4	20.00	18.8	20.1	21.0
11	17.4	18.0	18 8	18.07	19.9	21.1	22.0
12	17.4	18.2	19.0	18.20	20.3	19.95	19.6
13	18.2	18.6	18.8	18.53	17.4	18.1	18.6
14	17.9	18.4	18.3	18.20	16.5	17.5	18.8
15	16.4	17.2	18.2	17.27	16.4	17.3	18.6
16	16.9	17.9	18.5	17.77	16.7	17.8	18.6
17	16.8	18.0	19.6	18.13	16.4	17.8	19.4
18	18.7	19.8	20.8	19.77	17.9	16.8	16.9
19	19.3	20.8	22.0	20.70	13.8	14.6	15.7
20	20.9	21.3	21.1	21.10	13.3	14.6	16.1
21	20.2	20.6	21.1	20.63	13.8	15.2	16.7
22	20.3	20.3	20.2	20.27	15.8	15.8	15.8
23	17.8	19.8	20.4	19.33	13.6	14.4	13.8
24	18.8	20.5	21.9	20.40	11.6	11.4	12.8
25	20.7	22.4	23.9	22.33	5.0	9.9	11.3
26	22.4	23.2	24.2	23.27	9.0	10.4	12.4
27	21.2	21.6	21.8	21.53	10.2	11.1	13.2
28	21.3	22.2	23.4	22.30	10.6	11.7	13.2
29	22.9	24.2	24.3	23.80	12.2	13.2	14.2
30	22.4	24.2	24.5	23.70	13.4	13.3	13.3
31	20.9	19.4	18.5	19.60			

TEMPÉRATURES DU SOL

CORDOBA, 1883

A 15 centimètres de profondeur

Tab. XXIV, 3

DATES	MAI				JUIN			
	7 a.	2 p.	9 p.	MOYENNE	7 a.	2 p.	9 p.	MOYENNE
1	12.2	12.8	13.6	12.87	11.2	12.8	14.4	12.80
2	13.4	14.8	15.7	14.63	12.6	13.7	14.3	13.53
3	14.8	15.9	17.5	16.07	12.0	12.2	12.8	12.33
4	16.0	16.6	17.6	16.73	9.8	11.1	12.6	11.17
5	16.3	16.9	17.5	16.90	9.8	10.9	13.0	11.23
6	16.4	16.9	16.9	16.73	10.8	12.2	13.8	12.27
7	15.3	16.0	16.7	16.00	11.8	13.0	14.9	13.23
8	15.7	15.5	15.4	15.53	13.1	14.2	15.5	14.27
9	14.1	14.6	14.7	14.47	12.8	13.6	14.3	13.57
10	14.5	15.7	16.5	15.57	11.0	12.3	14.2	12.50
11	16.0	17.6	18.4	17.33	11.8	13.2	15.2	13.40
12	16.9	17.5	17.4	17.27	13.4	14.3	15.0	14.23
13	15.1	14.5	14.2	14.60	14.4	15.4	16.5	15.43
14	11.5	12.1	12.8	12.13	16.0	17.0	18.0	17.00
15	11.5	12.6	13.0	12.37	16.4	15.5	14.6	15.50
16	11.1	12.6	14.0	12.57	13.0	12.8	12.4	12.73
17	13.5	14.8	15.5	14.60	11.2	11.6	11.4	11.40
18	14.1	15.4	16.7	15.40	10.3	10.6	10.6	10.50
19	16.0	15.3	15.0	15.43	8.8	9.6	10.1	9.50
20	13.3	13.8	14.1	13.73	8.1	8.7	9.2	8.67
21	12.2	12.6	12.5	12.43	8.7	9.2	9.2	9.03
22	10.3	11.4	12.1	11.27	6.8	7.4	8.0	7.40
23	10.8	11.7	12.2	11.57	5.2	6.2	7.8	6.40
24	9.9	10.9	12.2	11.00	5.8	7.8	9.7	7.77
25	11.1	11.2	11.0	11.10	7.8	8.9	10.0	8.90
26	8.0	8.6	9.2	8.60	9.2	9.6	9.9	9.57
27	7.2	8.4	10.1	8.57	9.4	10.0	10.2	9.87
28	8.4	9.6	10.9	9.63	7.4	8.5	10.0	8.63
29	8.6	9.9	11.8	10.10	7.7	9.1	10.2	9.00
30	10.1	11.3	12.6	11.33	7.5	9.0	11.0	9.17
31	10.3	11.2	12.0	11.17				

TEMPÉRATURES DU SOL

CORDOBA, 1883

A 15 centimètres de profondeur

Tab. 1

DATES	JUILLET				AOUT		
	7 a.	2 p.	9 p.	MOYENNE	7 a.	2 p.	9 p.
1	8.4	10.6	12.5	10.50	6.4	8.0	9.3
2	9.6	11.0	13.3	11.30	7.2	8.7	10.4
3	11.8	13.0	15.0	13.27	8.4	9.7	11.4
4	13.9	15.3	16.5	15.23	9.0	10.3	12.1
5	14.0	14.3	14.8	14.37	10.2	11.8	12.0
6	14.2	14.2	13.5	13.97	8.5	10.3	11.3
7	11.7	11.7	11.8	11.73	7.6	9.8	11.7
8	10.0	10.3	10.8	10.37	8.0	10.1	12.5
9	9.6	10.0	9.9	9.83	9.8	11.5	13.4
10	9.1	9.6	9.6	9.43	10.4	13.0	15.3
11	7.9	8.7	9.7	8.77	13.5	15.5	16.7
12	8.1	9.2	10.2	9.17	13.1	14.4	15.8
13	8.5	10.1	12.0	10.20	14.0	16.7	17.7
14	9.8	11.0	11.8	10.87	14.7	15.5	15.6
15	9.2	11.4	13.0	11.20	12.7	15.2	16.2
16	13.2	14.8	16.3	14.77	12.8	14.2	14.8
17	13.5	16.0	17.7	15.73	11.5	12.8	13.2
18	15.8	16.8	17.8	16.80	9.2	11.2	12.4
19	14.8	15.2	15.2	15.07	8.9	11.0	12.4
20	12.3	11.6	11.0	11.63	8.9	11.0	12.3
21	7.7	8.3	8.7	8.23	10.0	12.3	14.0
22	5.5	6.6	7.5	6.53	10.9	13.1	14.5
23	5.6	6.7	7.6	6.63	12.0	14.0	14.7
24	6.4	6.7	6.5	6.53	11.1	13.2	14.2
25	3.9	5.0	6.6	5.17	10.0	12.5	13.2
26	4.3	6.7	8.3	6.43	9.2	12.0	13.2
27	5.6	7.9	10.0	7.83	9.8	12.0	12.8
28	7.7	8.6	9.3	8.53	9.1	12.0	13.6
29	5.7	7.2	8.8	7.23	10.1	16.0	14.6
30	5.8	7.6	8.6	7.33	12.6	16.3	18.9
31	5.4	6.8	8.4	6.87	15.8	17.8	19.2

TEMPÉRATURES DU SOL

CORDOBA, 1883

A 15 centimètres de profondeur

Tab. XXIV, 5

DATES	SEPTEMBRE				OCTOBRE			
	7 a.	2 p.	9 p.	MOYENNE	7 a.	2 p.	9 p.	MOYENNE
1	16.6	17.5	17.3	17.13	17.5	17.5	16.2	17.07
2	15.5	15.4	15.4	15.43	15.2	17.4	18.5	17.03
3	13.6	15.4	15.6	14.87	16.1	18.4	19.0	17.83
4	13.4	15.2	15.2	14.60	17.9	19.5	20.4	19.27
5	12.9	14.1	15.1	14.03	19.2	19.8	20.2	19.73
6	11.2	14.5	16.1	13.93	19.4	22.3	24.0	21.90
7	12.8	14.5	14.7	14.00	21.7	22.5	20.7	21.63
8	12.7	13.6	13.5	13.27	17.2	19.2	19.6	18.67
9	11.8	14.6	15.4	13.97	15.7	18.0	19.3	17.67
10	11.8	14.5	15.2	13.83	16.3	18.4	19.8	18.17
11	11.0	14.0	15.6	13.53	17.4	18.8	19.8	18.67
12	11.3	15.0	16.6	14.30	16.9	18.8	19.6	18.43
13	12.6	16.0	17.6	15.40	16.4	18.8	20.2	18.47
14	13.4	16.1	17.4	15.63	17.5	20.5	22.0	20.00
15	13.8	16.05	17.2	15.68	19.4	22.1	23.7	21.73
16	13.2	16.3	17.8	15.77	21.5	22.9	22.1	22.17
17	15.4	18.7	20.6	18.23	18.9	20.0	20.0	19.63
18	18.5	21.2	22.6	20.77	17.8	19.8	19.8	19.13
19	20.0	17.7	16.4	18.03	16.7	16.3	16.0	16.33
20	13.6	15.6	16.4	15.20	13.0	13.2	13.2	13.13
21	12.4	15.1	16.5	14.67	11.1	13.3	14.6	13.00
22	13.5	16.3	17.7	15.83	12.2	14.4	15.5	14.03
23	14.4	17.8	19.8	17.33	13.4	15.4	16.1	14.97
24	16.9	19.2	20.8	18.97	14.6	15.9	16.7	15.73
25	18.4	19.6	19.6	19.20	15.0	15.6	15.0	15.20
26	16.4	16.6	15.9	16.30	13.8	15.2	15.3	14.77
27	12.8	16.3	15.4	14.83	13.6	15.0	15.6	14.73
28	13.6	15.6	16.6	15.27	14.1	14.6	15.0	14.57
29	14.2	16.8	18.5	16.50	13.4	13.2	13.8	13.47
30	16.7	18.4	19.2	18.10	12.6	14.2	15.7	14.17
31					14.1	15.1	15.2	14.80

TEMPÉRATURES DU SOL

CORDOBA, 1883

A 15 centimètres de profondeur

Tab. XXIV, 6

DATES	NOVEMBRE				DÉCEMBRE			
	7 a.	2 p.	9 p.	MOYENNE	7 a.	2 p.	9 p.	MOYENNE
1	14.7	16.3	17.8	16.27	18.7	21.2	22.0	20.63
2	15.9	17.4	18.0	17.10	18.4	20.1	20.5	19.67
3	17.0	17.9	18.3	17.73	18.3	20.6	20.9	19.93
4	16.8	17.4	19.2	17.80	18.5	22.0	22.5	21.00
5	17.8	19.6	20.9	19.43	19.8	22.7	22.6	21.70
6	19.3	21.0	21.6	20.63	20.3	22.6	23.1	22.00
7	19.2	19.9	20.4	19.83	20.8	23.9	24.4	23.03
8	18.5	19.0	19.6	19.03	22.0	25.1	25.6	24.23
9	18.6	20.6	21.7	20.30	23.1	26.1	26.4	25.20
10	19.8	19.7	19.6	19.70	23.6	26.6	27.2	25.80
11	17.7	18.7	19.5	18.63	24.4	25.1	25.1	24.87
12	18.6	20.9	21.2	20.23	23.1	24.0	24.6	23.90
13	18.2	18.2	18.7	18.37	21.3	21.5	23.0	21.93
14	16.1	17.6	19.0	17.57	20.8	23.2	23.9	22.63
15	17.0	19.5	21.2	19.23	21.5	23.4	22.4	22.43
16	18.7	19.9	20.0	19.53	21.0	21.3	20.8	21.03
17	17.5	18.6	19.2	18.43	19.6	21.9	23.4	21.63
18	17.3	18.6	19.1	18.33	21.7	23.3	23.8	22.93
19	17.5	18.8	19.6	18.63	22.4	23.2	23.4	23.00
20	17.6	20.0	22.3	19.97	21.1	23.1	24.5	22.90
21	20.2	22.9	24.2	22.43	22.2	22.9	23.4	22.83
22	21.0	21.0	21.2	21.07	22.1	23.7	23.8	23.20
23	19.9	21.5	21.9	21.10	21.3	22.0	22.2	21.83
24	19.4	20.6	21.6	20.53	19.4	21.4	22.1	20.97
25	22.2	10.6	6.9	13.23	20.0	21.4	20.6	20.67
26	12.2	15.4	18.2	15.27	18.6	20.2	21.1	19.97
27	16.6	16.4	16.4	16.47	18.8	21.1	22.1	20.67
28	14.9	17.7	17.9	16.83	21.1	21.3	20.6	21.00
29	15.9	18.0	18.5	17.47	18.6	19.5	21.0	19.70
30	16.5	19.8	20.7	19.00	17.9	20.0	21.7	19.87
31					19.0	21.3	23.1	21.13

TEMPÉRATURES DU SOL

CORDOBA, 1883

A 36 centimètres de profondeur

Tab. XXV, 2

DATES	MARS				AVRIL			
	7 a.	2 p.	9 p.	MOYENNE	7 a.	2 p.	9 p.	MOYENNE
1	23.8	23.5	23.5	23.60	22.3	21.65	21.2	21.72
2	23.6	23.4	23.6	23.53	20.7	20.2	19.9	20.27
3	24.15	24.1	24.1	24.12	19.7	19.3	19.2	19.40
4	24.1	23.9	24.0	24.00	19.15	18.8	18.7	18.88
5	24.4	24.35	24.3	24.35	18.8	18.7	18.75	18.75
6	24.2	23.95	24.0	24.05	18.9	18.9	19.0	18.93
7	24.3	24.3	24.3	24.30	19.2	19.0	19.0	19.07
8	24.3	24.1	24.15	24.18	19.2	19.1	19.1	19.13
9	24.4	24.25	24.3	24.32	19.45	19.5	19.6	19.52
10	24.4	23.9	23.4	23.90	20.0	20.15	20.3	20.15
11	22.6	21.9	21.5	22.00	20.85	20.95	21.25	21.02
12	21.4	21.1	21.0	21.17	21.6	21.55	21.4	21.52
13	21.15	20.9	20.9	20.98	21.2	20.8	20.6	20.87
14	20.9	20.7	20.7	20.77	20.5	20.15	20.0	20.22
15	20.5	20.1	20.1	20.23	20.1	19.8	19.7	19.87
16	20.2	20.0	20.0	20.07	19.9	19.75	19.8	19.82
17	20.15	19.9	20.0	20.02	19.9	19.7	19.7	19.77
18	20.4	20.5	20.7	20.53	20.1	19.9	19.7	19.90
19	21.05	21.0	21.3	21.12	19.3	18.8	18.5	18.87
20	21.8	21.9	22.0	21.90	18.3	17.95	17.8	18.02
21	22.0	21.95	21.95	21.97	18.0	17.8	17.7	17.83
22	22.1	22.0	21.9	22.00	18.05	18.1	18.1	18.08
23	21.8	21.3	21.2	21.43	18.0	17.6	17.4	17.67
24	21.45	21.35	21.5	21.43	17.1	16.6	16.4	16.70
25	22.0	22.0	22.35	22.12	15.7	15.2	14.9	15.27
26	22.95	23.05	23.3	23.10	14.7	14.35	14.3	14.45
27	23.4	23.2	23.1	23.23	14.5	14.6	14.4	14.50
28	23.0	23.0	23.1	23.03	14.7	14.5	14.5	14.57
29	23.5	23.6	23.8	23.63	14.8	14.8	15.0	14.87
30	24.0	23.9	24.0	23.97	15.3	15.4	15.4	15.37
31	24.1	23.75	23.2	23.68				

TEMPÉRATURES DU SOL

CORDOBA, 1883

A 36 centimètres de profondeur

Tab. XXV, 3

S	MAI				JUIN			
	7 a.	2 p.	9 p.	MOYENNE	7 a.	2 p.	9 p.	MOYENNE
	15.4	15.3	15.25	15.32	13.45	13.5	13.7	13.55
	15.4	15.4	15.7	15.50	14.2	14.3	14.4	14.30
	16.1	16.2	16.5	16.27	14.4	14.6	14.9	14.63
	17.0	17.15	17.3	17.15	14.4	14.1	14.0	14.17
	17.7	17.7	17.7	17.70	14.0	13.7	13.7	13.80
	18 0	17.9	17.9	17.93	13.9	13.8	13.9	13.87
	18.0	17.8	17.8	17.87	14.3	14.2	14.4	14.30
	17.9	17.8	17.6	17.77	14.7	14.8	14.9	14.80
	17.4	17.2	17.1	17.23	15.3	15.2	15.2	15.23
	17.0	16.9	17.0	16.97	15.1	14.8	14.7	14.87
	17.2	17.3	17.6	17.37	14.9	14.7	14.8	14.80
	18.0	18.1	18.4	18.17	15.2	15.2	15.4	15.27
	18.2	17.9	17.6	17.90	15.6	15.6	15.8	15.67
	17.1	16.6	16.3	16.67	16.2	16.4	16.6	16.40
	16.0	15.7	15.6	15.77	17.1	17.1	17.0	17.07
	15.55	15.3	15.3	15.38	16.6	16.2	15.9	16.23
	15.55	15.6	15.85	15.67	15.4	15.1	14.8	15.10
	16.2	16.2	16.4	16.27	14.5	14.2	14.0	14.23
	16.8	16.9	16.9	16.87	13.7	13.4	13.2	13.43
	16.7	16.5	16.3	16.50	13.0	12.7	12.6	12.77
	16.2	16.0	15.8	16.00	12.5	12.35	12.3	12.38
	15.4	15.0	14.7	15.03	12.2	11.9	11.7	11.93
	14.7	14.6	14.5	14.60	11.4	11.0	10.8	11.07
	14.5	14.2	14.1	14.27	10.8	10.6	10.7	10.70
	14.2	14.2	14.1	14.17	11.1	11.0	11.1	11.07
	13.9	13.4	13.1	13.47	11.4	11.5	11.6	11.50
	12.9	12.5	12.4	12.60	11.8	11.8	11.9	11.83
	12.5	12.4	12.4	12.43	11.9	11.6	11.7	11.73
	12.7	12.55	12.5	12.58	11.8	11.6	11.6	11.67
	12.9	12.9	13.0	12.93	11.8	11.5	11.55	11.62
	13.35	13.3	13.3	13.32				

TEMPÉRATURES DU SO

CORDOBA, 1883

A 36 centimètres de profondeur

DATES	JUILLET					
	7 a.	2 p.	9 p.	Moyenne	7 a.	3 p.
1	11.9	11.8	12.0	11.90	10.3	10.2
2	12.1	12.4	12.5	12.43	10.5	10.4
3	13.0	13.2	13.4	13.20	10.9	10.9
4	14.0	14.2	14.6	14.27	11.4	11.4
5	15.2	15.2	15.2	15.20	12.0	12.0
6	15.3	15.3	15.3	15.30	12.4	12.1
7	15.1	14.8	14.5	14.80	12.2	11.8
8	14.3	13.9	13.7	13.97	12.1	11.8
9	13.5	13.3	13.1	13.30	12.3	12.3
10	12.9	12.7	12.6	12.73	12.8	12.7
11	12.5	12.2	12.1	12.27	13.7	13.8
12	12.1	11.9	11.9	11.97	14.8	14.6
13	12.1	12.0	12.1	12.07	15.0	15.0
14	12.5	12.5	12.6	12.53	15.9	15.8
15	12.8	12.7	12.9	12.80	15.7	15.4
16	13.4	13.6	14.0	13.67	15.7	15.5
17	14.7	14.9	15.3	14.97	15.4	15.1
18	15.8	16.0	16.2	16.00	14.7	14.2
19	16.6	16.4	16.3	16.43	14.0	13.6
20	16.1	15.7	15.25	15.68	13.6	13.3
21	14.7	14.0	13.5	14.07	13.4	13.3
22	13.0	12.3	12.0	12.43	13.85	13.7
23	11.6	11.3	11.1	11.33	14.2	14.1
24	11.0	10.8	10.7	10.83	14.6	14.3
25	10.4	10.0	9.8	10.07	14.5	14.2
26	9.8	9.5	9.6	9.63	14.2	13.8
27	9.9	9.8	10.0	9.90	13.8	13.6
28	10.5	10.5	10.6	10.57	13.7	13.4
29	10.7	10.5	10.4	10.53	13.75	13.6
30	10.6	10.3	10.4	10.43	13.2	13.2
31	10.5	10.2	10.1	10.27	15.7	15.9

TEMPÉRATURES DU SOL

CORDOBA, 1883

A 36 centimètres de profondeur

Tab. XXV, 5

DATES	SEPTEMBRE				OCTOBRE			
	7 a.	2 p.	9 p.	MOYENNE	7 a.	2 p.	9 p.	MOYENNE
1	16.7	16.9	17.0	16.87	18.4	18.5	18.4	18.43
2	17.0	16.9	16.7	16.87	18.1	17.9	17.9	17.97
3	16.5	16.2	16.1	16.27	18.2	18.1	18.3	18.20
4	16.2	16.0	15.9	16.03	18.6	18.7	18.9	18.73
5	15.9	15.7	15.6	15.73	19.3	19.4	19.6	19.43
6	15.7	15.4	15.9	15.67	19.8	19.8	20.1	19.90
7	15.8	15.7	15.6	15.70	20.9	21.1	21.3	21.10
8	15.7	15.5	15.4	15.53	21.0	20.5	20.3	20.60
9	15.3	15.1	15.2	15.20	20.1	19.7	19.6	19.80
10	15.4	15.2	15.2	15.27	19.7	19.4	19.4	19.50
11	15.4	15.1	15.1	15.20	19.7	19.6	19.5	19.60
12	15.4	15.1	15.2	15.23	19.7	19.5	19.5	19.57
13	15.7	15.5	15.7	15.63	19.7	19.4	19.7	19.60
14	16.2	16.1	16.2	16.17	19.7	19.7	19.9	19.77
15	16.6	16.4	16.4	16.47	20.4	20.4	20.7	20.50
16	16.7	16.4	16.5	16.53	21.3	21.4	21.6	21.43
17	16.9	16.9	17.3	17.03	21.7	21.3	21.1	21.37
18	18.1	18.3	18.7	18.37	20.9	20.7	20.6	20.73
19	19.5	19.5	19.2	19.40	20.5	20.0	19.6	20.03
20	18.6	18.0	17.7	18.10	18.8	18.0	17.5	18.10
21	17.6	17.1	16.9	17.20	17.0	16.5	16.3	16.60
22	17.0	16.8	16.9	16.90	16.6	16.4	16.4	16.47
23	17.3	17.1	17.4	17.27	16.8	16.7	16.7	16.73
24	18.0	18.0	18.3	18.10	17.1	17.1	17.2	17.13
25	18.9	18.9	19.0	18.93	17.5	17.5	17.7	17.57
26	19.1	18.8	18.5	18.80	17.3	17.1	16.9	17.10
27	18.1	17.6	17.3	17.67	17.1	16.9	16.9	16.97
28	17.2	17.0	17.0	17.07	17.0	16.9	16.8	16.90
29	17.2	17.1	17.2	17.17	16.8	16.7	16.5	16.67
30	17.7	17.8	18.0	17.83	16.3	16.1	16.2	16.20
31					16.6	16.6	16.6	16.60

TEMPÉRATURES DU SOL

CORDOBA, 1883

A 36 centimètres de profondeur

Tab. XXV, 6

DATES	NOVEMBRE				DÉCEMBRE			
	7 a.	2 p.	9 p.	MOYENNE	7 a.	2 p.	9 p.	MOYENNE
1	16.8	16.8	17.0	16.87	19.4	19.6	20.0	19.67
2	17.5	17.6	17.7	17.60	20.4	20.25	20.3	20.32
3	18.1	18.2	18.4	18.23	20.5	20.4	20.5	20.47
4	18.5	18.5	18.5	18.50	20.7	20.6	20.9	20.73
5	18.8	18.9	19.2	18.97	21.3	21.3	21.6	21.40
6	19.8	19.9	20.1	19.93	21.9	21.8	22.0	21.90
7	20.5	20.5	20.5	20.50	22.2	22.2	22.5	22.30
8	20.5	20.3	20.3	20.37	22.9	23.1	24.5	23.50
9	20.3	20.3	20.5	20.37	23.9	23.85	24.1	23.95
10	20.9	20.8	20.8	20.83	24.5	24.4	24.65	24.52
11	20.7	20.4	20.3	20.47	25.0	25.4	25.4	25.27
12	20.4	20.35	20.6	20.45	25.4	25.15	25.1	25.22
13	20.9	20.6	20.4	20.63	25.0	24.6	24.4	24.67
14	20.25	19.9	19.8	19.98	24.3	24.0	24.5	24.27
15	19.9	19.8	20.0	19.90	24.4	24.2	24.3	24.30
16	20.4	20.4	[illegible]	[illegible]	24.2	23.9	23.8	23.97
17	[illegible]	20.25	[illegible]	[illegible]	23.4	23.1	23.3	23.27
18	[illegible]	20.1	20.1	[illegible]	23.7	23.7	23.9	23.77
19	[illegible]	[illegible]	[illegible]	[illegible]	24.1	24.1	24.3	24.17
20	[illegible]	20.1	[illegible]	[illegible]	24.2	24.0	24.2	24.13
21	[illegible]	[illegible]	[illegible]	[illegible]	[illegible]	24.4	24.3	24.40
22	[illegible]	[illegible]	[illegible]	[illegible]	[illegible]	24.5	24.35	24.35
23	[illegible]	[illegible]	[illegible]	[illegible]	[illegible]	24.2	24.1	24.27
24	[illegible]	[illegible]	[illegible]	[illegible]	[illegible]	23.5	23.4	23.60
25	[illegible]	[illegible]	[illegible]	[illegible]	[illegible]	23.5	23.3	23.37
26	[illegible]	[illegible]	[illegible]	[illegible]	[illegible]	22.7	22.7	22.83
27	[illegible]	[illegible]	[illegible]	[illegible]	[illegible]	22.5	22.7	22.67
28	[illegible]	[illegible]	[illegible]	[illegible]	[illegible]	23.1	23.1	23.07
29	[illegible]	[illegible]	[illegible]	[illegible]	[illegible]	22.5	22.4	22.58
30	[illegible]	[illegible]	[illegible]	[illegible]	[illegible]	22.2	22.3	22.33
					[illegible]	[illegible]	22.6	22.50

TEMPÉRATURES DU SOL

CORDOBA, 1883

A 66 centimètres de profondeur

Tab. XXVI, 1

DATES	JANVIER				FEVRIER			
	7 a.	2 p.	9 p.	MOYENNE	7 a.	2 p.	9 p.	MOYENNE
1	21.6	21.7	21.8	21.70	22:0	21.85	21.65	21.80
2	22.0	22.1	22.2	22.10	21.4	21.3	21.2	21.30
3	22.4	22.5	22.6	22.50	21.1	21.0	21.0	21.03
4	22.8	23.0	23.2	23.00	20.9	21.0	21.0	20.97
5	23.4	23.6	23.8	23.60	21.1	21.2	21.3	21.20
6	23.9	24.0	24.0	23.97	21.4	21.5	21.6	21.50
7	24.0	24.1	24.1	24.07	21.8	22.0	22.05	21.95
8	24.2	24.25	24.3	24.25	22.2	22.2	22.2	22.20
9	24.3	24.2	24.1	24.20	22.2	22.25	22.25	22.23
10	24.0	24.0	24.0	24.00	22.3	22.4	22.4	22.37
11	23.9	23.9	23.8	23.87	22.5	22.6	22.6	22.57
12	23.6	23.4	23.2	23.40	22.6	22.5	22.4	22.50
13	22.8	22.55	22.4	22.58	22.4	22.3	22.3	22.33
14	22.15	22.05	22.0	22.07	22.2	22.25	22.3	22.25
15	21.9	21.95	21.95	21.93	22.3	22.4	22.4	22.37
16	21.8	21.75	21.6	21.72	22.5	22.5	22.6	22.53
17	21.4	21.3	21.2	21.30	22.6	22.5	22.4	22.50
18	21.1	21.15	21.2	21.15	22.2	22.05	21.9	22.05
19	21.2	21.35	21.45	21.33	21.75	21.65	21.6	21.67
20	21.6	21.8	21.8	21.73	21.55	21.5	21.45	21.50
21	21.85	21.9	21.95	21.90	21.4	21.4	21.4	21.40
22	21.85	21.9	21.9	21.88	21.4	21.4	21.4	21.40
23	21.95	22.0	22.0	21.98	21.4	21.4	21.4	21.40
24	22.0	22.1	22.2	22.10	21.3	21.3	21.3	21.30
25	22.2	22.3	22.3	22.27	21.2	21.25	21.25	21.23
26	22.25	22.3	22.35	22.30	21.25	21.25	21.2	21.23
27	22.4	22.4	22.4	22.40	21.2	21.3	21.4	21.30
28	22.4	22.4	22.25	22.35	21.45	21.6	21.8	21.62
29	22.1	22.05	22.0	22.05				
30	22.0	22.0	22.0	22.00				
31	22.15	22.1	22.1	22.12				

TEMPÉRATURES DU SOL

CORDOBA, 1883

A 66 centimètres de profondeur

Tab. XXVI, 3

MAI				JUIN			
7 a.	2 p.	9 p.	MOYENNE	7 a.	2 p.	9 p.	MOYENNE
15.4	15.4	15.4	15.40	13.35	13.35	13.4	13.38
15.35	15.35	15.4	15.38	13.45	13.6	13.7	13.58
15.4	15.5	15.6	15.50	13.8	13.9	14.0	13.90
15.8	15.9	16.0	15.90	14.0	14.0	14.0	14.00
16.2	16.4	16.5	16.37	13.9	13.8	13.8	13.83
16.6	16.7	16.8	16.70	13.7	13.7	13.7	13.70
16.8	16.9	16.9	16.87	13.7	13.8	13.8	13.77
16.9	16.9	16.9	16.90	13.85	13.9	14.05	13.93
16.85	16.8	16.8	16.82	14.15	14.2	14.2	14.18
16.6	16.6	16.5	16.57	14.2	14.4	14.4	14.33
16.45	16.5	16.6	16.52	14.3	14.3	14.3	14.30
16.65	16.8	16.8	16.75	14.3	14.35	14.4	14.35
17.0	17.0	17.1	17.03	14.45	14.55	14.6	14.53
16.95	16.8	16.7	16.82	14.7	14.8	15.0	14.83
16.4	16.25	16.1	16.25	15.15	15.25	15.4	15.27
15.9	15.8	15.7	15.80	15.5	15.45	15.4	15.45
15.6	15.6	15.6	15.60	15.25	15.15	15.0	15.13
15.6	15.7	15.6	15.63	14.8	14.6	14.55	14.65
15.8	15.9	16.0	15.90	14.25	14.1	14.0	14.12
16.05	16.05	16.05	16.05	13.75	13.6	13.4	13.58
16.0	15.9	15.8	15.90	13.2	13.1	13.0	13.10
15.7	15.6	15.4	15.57	12.85	12.8	12.6	12.75
15.25	15.15	15.05	15.15	12.45	12.3	12.2	12.32
14.9	14.8	14.8	14.83	11.95	11.8	11.8	11.85
14.6	14.6	14.45	14.55	11.6	11.6	11.6	11.60
14.4	14.4	14.2	14.33	11.6	11.6	11.6	11.60
14.0	13.85	13.75	13.87	11.65	11.7	11.8	11.72
13.5	13.4	13.3	13.40	11.8	11.8	11.8	11.80
13.2	13.2	13.2	13.20	11.7	11.7	11.65	11.68
13.2	13.2	13.2	13.20	11.65	11.6	11.6	11.62
13.2	13.25	13.3	13.25				

TEMPÉRATURES DU SOL

CORDOBA, 1883

A 66 centimètres de profondeur

Tab. XXVI, 4

DATES	JUILLET				AOUT			
	7 a.	2 p.	9 p.	MOYENNE	7 a.	2 p.	9 p.	MOYENNE
1	11.6	11.6	11.6	11.60	10.3	10.3	10.2	10.27
2	11.65	11.7	11.8	11.72	10.2	10.2	10.2	10.20
3	11.85	12.0	12.1	11.98	10.25	10.35	10.4	10.33
4	12.25	12.4	12.6	12.42	10.4	10.5	10.6	10.50
5	12.85	13.1	13.2	13.05	10.75	10.85	10.9	10.83
6	13.4	13.5	13.6	13.50	11.1	11.2	11.2	11.17
7	13.65	13.7	13.65	13.67	11.2	11.2	11.2	11.20
8	13.6	13.5	13.4	13.50	11.2	11.2	11.2	11.20
9	13.2	13.1	13.0	13.10	11.2	11.25	11.25	11.23
10	12.9	12.8	12.7	12.80	11.4	11.45	11.5	11.45
11	12.5	12.4	12.35	12.42	11.65	11.8	12.0	11.82
12	12.2	12.1	12.05	12.12	12.2	12.4	12.6	12.40
13	12.0	11.95	11.95	11.97	12.75	12.85	13.0	12.87
14	11.95	12.0	12.0	11.98	13.2	13.3	13.5	13.33
15	12.05	12.1	12.1	12.08	13.6	13.65	13.65	13.63
16	12.2	12.25	12.4	12.28	13.7	13.75	13.8	13.75
17	12.6	12.8	13.0	12.80	13.8	13.8	13.7	13.77
18	13.2	13.45	13.6	13.42	13.65	13.6	13.5	13.58
19	13.9	14.1	14.25	14.08	13.3	13.2	13.05	13.18
20	14.3	14.35	14.3	14.32	13.0	12.95	12.8	12.92
21	14.2	14.0	13.8	14.00	12.75	12.7	12.7	12.72
22	13.45	13.2	12.85	13.17	12.65	12.7	12.75	12.70
23	12.6	12.3	12.15	12.35	12.8	12.8	12.9	12.83
24	11.85	11.7	11.45	11.67	13.0	13.05	13.1	13.05
25	11.35	11.2	11.0	11.18	13.1	13.1	13.1	13.10
26	10.75	10.6	10.45	10.60	13.1	13.05	13.05	13.07
27	10.4	10.3	10.3	10.33	12.95	12.9	12.85	12.90
28	10.3	10.4	10.4	10.37	12.8	12.8	12.8	12.80
29	10.5	10.55	10.5	10.52	12.7	12.7	12.75	12.72
30	10.5	10.45	10.4	10.45	12.75	12.8	12.9	12.82
31	10.4	10.4	10.4	10.40	13.1	13.3	13.6	13.33

TEMPÉRATURES DU SOL

CORDOBA, 1883

A 66 centimètres de profondeur

Tab. XXVI, 6

DATES	NOVEMBRE				DÉCEMBRE			
	7 a.	2 p.	9 p.	MOYENNE	7 a.	2 p.	9 p.	MOYENNE
1	15.7	15.75	15.8	15.75	17.0	17.2	17.4	17.20
2	15.85	16.0	16.05	15.97	17.65	17.85	18.05	17.85
3	16.2	16.3	16.4	16.30	18.2	18.25	18.4	18.28
4	16.5	16.6	16.65	16.58	18.4	18.55	18.6	18.52
5	16.75	16.85	17.0	16.87	18.7	18.85	19.0	18.85
6	17.1	17.25	17.4	17.25	19.15	19.25	19.3	19.23
7	17.6	17.8	17.85	17.75	19.45	19.6	19.65	19.57
8	18.0	18.05	18.1	18.05	18.85	20.05	20.3	20.07
9	18.15	18.2	18.2	18.18	20.55	20.6	20.65	20.60
10	18.25	18.4	18.4	18.35	20.9	21.05	21.2	21.05
11	18.5	18.5	18.45	18.48	21.35	21.45	21.6	21.47
12	18.4	18.4	18.45	18.42	21.7	21.75	21.8	21.75
13	18.5	18.6	18.6	18.57	21.8	21.8	21.65	21.75
14	18.6	18.7	18.45	18.58	21.6	21.55	21.4	21.52
15	18.4	18.35	18.25	18.33	21.4	21.4	21.4	21.40
16	18.3	18.4	18.4	18.37	21.4	21.4	21.3	21.37
17	18.5	18.55	18.6	18.55	21.2	21.2	21.05	21.15
18	18.5	18.5	18.45	18.48	21.0	21.05	21.05	21.03
19	18.45	18.45	18.4	18.43	21.15	21.2	21.25	21.20
20	18.4	18.4	18.4	18.40	21.35	21.4	21.4	21.38
21	18.5	18.6	18.85	18.65	21.45	21.5	21.5	21.48
22	18.9	19.1	19.2	19.07	21.55	21.55	21.55	21.55
23	19.25	19.35	19.35	19.32	21.6	21.6	21.6	21.60
24	19.4	19.45	19.45	19.43	21.55	21.5	21.4	21.48
25	19.5	19.55	6.25	15.10	21.3	21.25	21.2	21.25
26	7.4	8.4	9.7	8.50	21.15	21.05	21.0	21.07
27	11.4	12.4	13.2	12.33	20.85	20.8	20.8	20.82
28	14.1	14.6	15.0	14.57	20.75	20.8	20.8	20.78
29	15.4	15.7	16.0	15.70	20.80	20.80	20.75	20.78
30	16.4	16.55	16.65	16.53	20.70	20.60	20.60	20.63
31					20.50	20.50	20.50	20.50

TEMPÉRATURES DU SOL

CORDOBA, 1883

A 96 centimètres de profondeur

Tab. XXVII, 1

DATES	JANVIER				FEVRIER			
	7 a.	2 p.	9 p.	MOYENNE	7 a.	2 p.	9 p.	MOYENNE
1	21.0	21.0	21.0	21.00	21.6	21.65	21.6	21.62
2	21.05	21.[illegible]	21.[illegible]	21.12	21.5	21.45	21.4	21.45
3	21 2	1. 5	1.	21.28	21.3	21.25	21.2	21.25
4	21 4	1.	1.	21.50	21.1	21.1	21.1	21.10
5	21 75	1.	1. 5	21.83	21.05	21.05	21.1	21.07
6	22 1	2.	22.	22.13	21.1	21.1	21.2	21.13
7	22 3	2.	22.	22.33	21.2	21.2	21.3	21.23
8	22 5	2.	22.	22.60	21.4	21.4	21 45	21.42
9	22 75	2.	2.	22.78	21.5	21.55	21.6	21.55
10	22 8	-2.	2.	22.80	21.6	21.6	21.6	21.60
11	22.8	22.8	22.8	22.80	21.7	21.75	21.8	21.75
12	22.8	22.[illegible]	22.75	22.78	21.8	21.8	21.8	21.80
13	22.6	22. 5	22.4	22.52	21.8	21.8	21.8	21.80
14	22.3	22.	22.1	22.20	21.8	21.8	21.8	21.80
15	22.0	22.	1.95	21.98	21.8	21.8	21.8	21.80
16	21.85	21.	1.8	21.82	21.8	21.85	21.85	21.83
17	21.7	21.	1.6	21.63	21.9	21.95	21.95	21.93
18	21.4	21.	1.4	21.40	21.95	21.9	21.85	21.90
19	21.3	21.	1.3	21.30	21.8	21.7	21.65	21.72
20	21.3	21. 5	1.4	21.35	21.6	21.6	21.5	21.57
21	21.4	21.4	21.4	21.40	21.45	21.4	21.4	21.42
22	21.5	21. 5	1 5	21.47	21.4	21.4	21.4	21.40
23	21.5	1. 5	1 5	21.53	21.35	21.3	21.3	21.32
24	21.55	1.	21	21.58	21.3	21.25	21.2	21.25
25	21.6	1	21	21.60	21.2	21.2	21.2	21.20
26	21.65	1.	21	21.68	21.2	21.2	21.2	21.20
27	21.7	1.	1	21.77	21.2	21.2	21.2	21.20
28	21.8	1.	1	21.80	21.2	21.2	21.25	21.22
29	21.8	1. 5	1	21.75				
30	21.65	1.	1	21.62				
31	21.65	-1. 5	1	21.63				

TEMPÉRATURES DU SOL

CORDOBA, 1883

A 96 centimètres de profondeur

Tab. X

DATES	MARS				AVRIL		
	7 a.	2 p.	9 p.	MOYENNE	7 a.	2 p.	9 p.
1	21.3	21.35	21.4	21.35	21.4	21.4	21.4
2	21.4	21.45	21.45	21.43	21.3	21.2	21.2
3	21.5	21.5	21.6	21.53	21.0	20.85	20.8
4	21.6	21.6	21.7	21.63	20.6	20.45	20.4
5	21.8	21.75	21.8	21.78	20.25	20.15	20.0
6	21.8	21.8	21.9	21.83	20.0	19.9	19.8
7	21.85	21.85	21.85	21.85	19.7	19.65	19.6
8	21.85	21.9	21.9	21.88	19.6	19.55	19.5
9	21.95	21.9	22.0	21.95	19.5	19.45	19.4
10	22.0	22.0	22.0	22.00	19.4	19.4	19.4
11	22.0	22.0	21.95	21.98	19.45	19.5	19.
12	21.8	21.7	21.6	21.70	19.6	19.6	19.
13	21.5	21.4	21.3	21.40	19.8	19.8	19.
14	21.2	21.2	21.15	21.18	19.85	19.8	19.
15	21.0	20.9	20.8	20.90	19.8	19.8	19.
16	20.75	20.65	20.6	20.67	19.7	19.65	19.
17	20.55	20.45	20.5	20.50	19.6	19.6	19.
18	20.4	20.3	20.25	20.32	19.6	19.5	19.
19	20.25	20.2	20.25	20.23	19.5	19.45	19.
20	20.25	20.25	20.3	20.27	19.4	19.3	19.
21	20.4	20.4	20.4	20.40	19.2	19.1	19.
22	20.45	20.5	20.5	20.48	18.95	18.9	18.
23	20.55	20.6	20.6	20.58	18.8	18.7	18.
24	20.6	20.6	20.6	20.60	18.6	18.5	18.
25	20.55	20.55	20.55	20.55	18.4	18.25	18.
26	20.6	20.6	20.6	20.60	18.0	17.85	17.
27	20.7	20.8	20.8	20.77	17.6	17.4	17.
28	20.95	21.0	21.0	20.98	17.2	17.05	17.
29	21.05	21.1	21.15	21.10	16.9	16.8	16.
30	21.2	21.2	21.2	21.20	16.7	16.7	16.
31	21.3	21.4	21.4	21.37			

TEMPÉRATURES DU SOL

CORDOBA, 1883

A 96 centimètres de profondeur

Tab. XXVII, 3

MAI				JUIN			
7 a.	2 p.	9 p.	MOYENNE	7 a.	2 p.	9 p.	MOYENNE
6.6	16.6	16.6	16.60	14.6	14.6	14.6	14.60
6.55	16.5	16.5	16.52	14.6	14.6	14.6	14.60
6.45	16.45	16.45	16.45	14.6	14.6	14.6	14.60
6.45	16.5	16.6	16.52	14.7	14.7	14.75	14.63
6.6	16.0	16.7	16.43	14.8	14.75	14.75	14.76
6.8	16.8	16.85	16.82	14.7	14.65	14.65	14.67
95	17.0	17.0	16.98	14.65	14.65	14.65	14.65
05	17.1	17.15	17.10	14.65	14.65	14.65	14.65
15	17.1	17.2	17.15	14.7	14.7	14.8	14.73
	17.1	17.05	17.08	14.8	14.8	14.85	14.82
	17.0	17.0	17.00	14.85	14.85	14.85	14.85
	17.0	17.0	17.00	14.85	14.9	14.9	14.88
	17.1	1 .15	17.12	14.9	14.95	15.0	14.98
	17.2	17.2	17.20	15.0	15.0	15.1	15.03
5	17.05	1 .0	17.06	15.15	15.2	15.2	15.18
	16.8	1 .8	16.83	15.4	15.4	15.4	15.40
	16.6	1 .6	16.63	15.45	15.4	15.35	15.40
	16.5	1 .4	16.46	15.4	15.4	15.3	15.36
45	16.45	1 .45	16.45	15.2	15.2	15.0	15.13
55	16.55	1 .55	16.55	15.0	14.9	14.8	14.90
6	16.55	16.5	16.55	14.7	14.6	14.55	14.62
45	16.4	16.	16.42	14.4	14.35	14.25	14.33
35	16.25	16.	16.26	14.15	14.05	14.0	14.07
15	16.05	16.	16.06	13.85	13.8	13.6	13.75
5.9	15.8	15.	15.83	13.6	13.45	13.4	13.48
5.7	15.65	15.	15.65	13.35	13.25	13.2	13.27
5.55	15.45	15. 5	15.45	13.2	13.2	13.2	13.20
5.3	15.2	15.	15.17	13.15	13.05	13.05	13.08
5.0	14.9	14.	14.90	13.05	13.05	13.05	13.05
4.8	14.7	14.	14.73	13.0	13.0	13.0	13.00
4.65	14.6	14.	14.62				

TEMPÉRATURES DU SOL

CORDOBA, 1883

A 96 centimètres de profondeur

Tab. XXVII, 5

SEPTEMBRE				OCTOBRE			
7 a.	2 p.	9 p.	MOYENNE	7 a.	2 p.	9 p.	MOYENNE
13.35	13.4	13.5	13.42	15.5	15.55	15.6	15.55
13.65	13.7	13.8	13.72	15.65	15.7	15.7	15.68
13.9	14.0	14.0	13.97	15.7	15.7	15.8	15.73
14.05	14.1	14.1	14.08	15.8	15.8	15.8	15.80
14.1	14.1	14.2	14.13	15.85	15 9	16.0	15.92
14.2	14.1	14.1	14.13	16.0	16.1	16.2	16.10
14.15	14.15	14.2	14.17	16.2	16.25	16.4	16.28
14.2	14.2	14.2	14.20	16.45	16.6	16.6	16.55
14.15	14.15	14.15	14.15	16.7	16.75	16.8	16.78
14.1	14.1	14.1	14.10	16.8	16.8	16.8	16.80
14.1	14.05	14.05	14.07	16.8	16.8	16.8	16.80
14.05	14.05	14.05	14.05	16.8	16.8	16.8	16.80
14.05	14.05	14.05	14.05	16.85	16.85	16.85	16.85
14.1	14.1	14.2	14.13	16.85	16.9	16.95	16.90
14.2	14.2	14.2	14.20	16.95	17.0	17.05	17.33
14.3	14.35	14.4	14.35	17.05	17.1	17.2	17.11
14.4	14.4	14.45	14.42	17.25	17.35	17.4	17.33
14.6	14.6	14.65	14.62	17.45	17.5	17.55	17.50
14.8	14.8	15.0	14.87	17.6	17.6	17.6	17.60
15.1	15.2	15.2	15.17	17.6	17.6	17.6	17.60
15.25	15.25	15.25	15.25	17.4	17.4	17.25	17.35
15.25	15.2	15.2	15.22	17.1	17.0	16.9	17.00
15.2	15.2	15.2	15.20	16.8	16.75	16.70	16.75
15.2	15.2	15.2	15.20	16.6	16.6	16.6	16.60
15.25	15.3	15.4	15.32	16.55	16.55	16.55	16.55
15.45	15.5	15.6	15.52	16.55	16.55	16.55	16.55
15.6	15.65	15.65	15.63	16.5	16.5	16.45	16.48
15.6	15.6	15.6	15.60	16.4	16.4	16.4	16.40
15.6	15.5	15.45	15.52	16.4	16.4	16.4	16.40
15.5	15.5	15.5	15.50	16.3	16.25	16.2	16.25
				16.2	16.15	16.1	16.15

TEMPÉRATURES DU SOL

CORDOBA, 1883

A 96 centimètres de profondeur

Tab. X.

DATES	NOVEMBRE						
	7 a.	2 p.	9 p.	MOYENNE	7 a.	2 p.	9 p.
1	16.1	16.1	16.1	16.10	16.65	16.8	16.95
2	16.1	16.1	16.1	16.10	1[illegible].[illegible]	17.25	17.4
3	16.2	16.2	16.2	16.20	1 5	17.65	17.8
4	16.25	16.35	16.4	16.33	1	17.95	18.0
5	16.4	16.5	16.6	16.50	1 .	18.2	18.25
6	16.6	16.65	16.7	16.65	1	18.4	18.45
7	16.8	16.85	17.0	16.88	1 5	18.6	18.8
8	17.05	17.15	17.2	17.13	1	18.9	19.05
9	17.20	17.35	17.4	17.31	1 .	19.25	19.4
10	17.4	17.45	17.55	17.46	1 . 5	19.55	19.65
11	17.6	17.65	17.65	17.63	19.8	19.85	20.0
12	17.7	17.7	17.75	17.72	20.1	20.2	20.3
13	17.8	17.8	17.8	17.80	2 .4	20.4	20.45
14	17.85	17.9	17.9	17.88	2 .45	20.5	20.5
15	17.9	17.85	17.85	17.87	2 .5	20.45	20.45
16	17.8	17.85	17.9	17.85	2 .45	20.45	20.45
17	17.9	17.95	18.0	17.95	2 .5	20.5	20.45
18	18.0	18.0	18.0	18.00	2 .4	20.4	20.4
19	18.0	18.0	18.0	18.00	2 .4	20.4	20.4
20	18.0	18.0	18.0	18.00	20.45	20.55	20.55
21	18.0	18.0	18.05	18.02	20.6	20.6	20.6
22	18.1	18.2	18.2	18.17	20.[illegible]5	20.65	20.6
23	18.3	18.4	18.4	18.37	20	20.7	20.75
24	18.45	18.55	18.6	18.53	20 5	20.75	20.8
25	18.6	18.6	6.6	14.60	20 5	20.7	20.65
26	9.3	10.1	11.05	10.15	2	20.65	20.65
27	12.2	12.9	13.45	12.88	2	20.55	20.5
28	14.2	14.6	15.0	14.60	2 .	20.45	20.45
29	15.4	15.65	15.9	15.65	2 . 5	20.45	20.45
30	16.2	16.4	16.5	16.36	2 . 5	20.43	20.4
31					20.4	20.4	20.4

TEMPÉRATURES DU SOL

CORDOBA, 1883

A 1 mètre 26 centimètres de profondeur

Tab. XXVIII, 2

DATES	MARS				AVRIL			
	7 a.	2 p.	9 p.	MOYENNE	7 a.	2 p.	9 p.	MOYENNE
1	21.15	21.2	21.2	21.18	21.15	21.15	21.2	21.17
2	21.2	21.2	21.2	21.20	21.2	21.2	21.2	21.20
3	21.25	21.25	21.3	21.27	21.1	21.05	21.0	21.05
4	21.35	21.35	21.35	21.35	21.0	20.9	20.45	20.91
5	21.4	21.4	21.45	21.42	20.8	20.7	20.6	20.70
6	21.45	21.45	21.45	21.45	20.55	20.45	20.	20.48
7	21.5	21.55	21.55	21.53	20.4	20.3	20.15	20.30
8	21.6	21.6	21.6	21.60	20.2	20.2	20.1	20.17
9	21.6	21.6	21.6	21.60	20.5	20.0	19.95	20.00
10	21.6	21.6	21.65	21.61	19.95	19.95	19.9	19.93
11	21.65	21.65	21.65	21.65	19.85	19.85	19.85	19.85
12	21.65	21.65	21.65	21.65	19.85	19.85	19.85	19.85
13	21.6	21.5	21.4	21.50	19.9	19.9	19.95	19.92
14	21.4	21.4	21.35	21.38	20.0	20.0	20.0	20.00
15	21.25	21.2	21.2	21.22	20.0	20.0	20.0	20.00
16	21.1	21.05	21.0	21.05	19.95	19.95	19.95	1 .95
17	20.95	20.9	20.85	20.90	19.9	19.85	19.85	1 .87
18	20.8	20.8	20.85	20.82	19.8	19.8	19.8	1 .80
19	20.7	20.65	20.6	20.65	19.8	19.8	19.8	19.80
20	20.6	20.6	20.6	20.60	19.75	19.7	19.7	19.71
21	20.6	20.6	20.6	20.60	19.65	19.6	19.55	19.
22	20.6	20.6	20.6	20.60	19.55	19.5	19.45	19.
23	20.6	20.6	20.6	20.60	19.4	19.35	19.3	19.
24	20.65	20.65	20.65	20.65	19.25	19.2	19.15	19.
25	20.65	20.6	20.6	20.62	19.1	19.05	19.0	19.
26	20.6	20.65	20.7	20.65	18.9	18.8	18.7	18.
27	20.7	20.7	20.75	20.71	18.6	18.5	18.45	18.
28	20.8	20.8	20.8	20.80	18.35	18.25	18.15	18.
29	20.85	20.85	20.9	20.87	18.05	18.0	17.9	17.60
30	20.95	21.0	21.05	21.00	17.8	17.8	17.8	17.[illegible]
31	21.05	21.05	21.05	21.05				

TEMPÉRATURES DU SOL

CORDOBA, 1883

A 1 mètre 26 centimètres de profondeur

Tab. XXVIII, 3

DATES	MAI				JUIN			
	7 a.	2 p.	9 p.	MOYENNE	7 a.	2 p.	9 p.	MOYENNE
1	17.75	17 65	17.6	17.67	15.65	15.65	15.65	15.65
2	17.6	17.5	17.4	17.50	15.6	15.6	15.6	15.60
3	17.4	17.4	17.4	17.40	15.6	15.55	15.5	15.55
4	17.35	17.35	17.3	17.33	15.5	15.5	15.5	15.50
5	17.3	17.3	17.3	17.30	15.5	15.6	15.55	15.55
6	17.35	17.35	17.35	17.35	15.5	15.5	15.5	15.50
7	17.4	17.4	17.4	17.40	15.5	15.45	15.45	15.47
8	17.45	17.45	17.45	17.45	15.4	15.4	15.4	15.40
9	17.5	17.55	17.6	17.55	15.4	15,4	15.4	15.40
10	17.6	17.6	17.6	17.60	15.4	15.4	15.4	15.40
11	17.6	17.55	17.5	17.55	15.45	15.45	15.45	15.45
12	17.5	17.5	17.5	17.50	15.45	15.5	15.5	15.48
13	17.5	17.5	17.5	17.50	15.5	15.5	15.5	15.50
14	17.55	17.6	17.6	17.58	15.55	15.6	15.6	15.58
15	17.6	17.6	17.55	17.58	15.6	15.6	15.6	15.60
16	17.5	17.45	17.4	17.45	15.65	15.7	15.75	15.70
17	17.4	17.4	17.4	17.40	15.8	15.8	15.8	15.80
18	17.3	17.2	17.2	17.23	15.8	15.8	15.8	15.80
19	17.25	17.15	17.15	17.18	15.8	15.8	15.75	15.78
20	17.1	17.1	17.1	17.10	15.7	15.65	15.65	15.67
21	17.05	17.1	17.1	17.08	15.6	15.5	15.55	15.55
22	17.1	17.05	17.0	17.05	15.4	15.35	15.3	15.35
23	17.0	17.0	17.0	17.00	15.2	15.2	15.1	15.17
24	16.9	16.9	16.85	16.88	15.0	15.0	14.9	14.97
25	16.8	16.8	16.7	16.77	14.8	14.75	14.7	14.75
26	16.6	16.6	16.6	16.60	14.6	14.55	14.5	14.55
27	16.5	16.4	16.35	16.42	14.4	14.4	14.35	14.38
28	16.35	16.3	16.25	16.30	14.3	14.25	14.2	14.25
29	16.2	16.1	16.0	16.10	14.2	14.2	14.15	14.18
30	16.0	15.9	15.85	15.91	14.1	14.1	14.1	14.10
31	15.8	15.8	15.75	15.78				

TEMPÉRATURES DU SOL

CORDOBA, 1883

A 1 mètre 26 centimètres de profondeur

Tab. XXVIII, 6

DATES	NOVEMBRE				DECEMBRE			
	7 a.	2 p.	9 p.	MOYENNE	7 a.	2 p.	9 p.	MOYENNE
1	16.4	16.4	16.4	16.40	16.6	16.7	16.8	16.70
2	16.4	16.4	16.4	16.40	16.9	17.0	17.05	16.9[illegible]
3	16.4	16.4	16.4	16.40	17.15	17.2	17.3	17.2[illegible]
4	16.4	16.4	16.4	16.40	17.4	17.5	17.5	17.4[illegible]
5	16.4	16.4	16.4	16.40	17.6	17.7	17.8	17.70
6	16.4	16.4	16.45	16.42	17.8	17.85	17.85	17.83
7	16.5	16.55	16.55	16.53	17.95	18.05	18.05	18.0[illegible]
8	16.6	16.65	16.7	16.65	18.15	18.2	18.3	18.2[illegible]
9	16.8	16.8	16.85	16.81	18.4	18.45	18.5	18.45
10	16.9	16.95	17.0	16.95	18.6	18.65	18.7	18.65
11	17.05	17.1	17.15	17.10	18.8	18.9	19.0	18.90
12	17.2	17.2	17.2	17.20	19.05	19.15	19.2	19.13
13	17.25	17.3	17.35	17.30	19.3	19.35	19.4	19.35
14	17.4	17.4	17.4	17.40	19.45	19.5	19.55	19.50
15	17.4	17.4	17.45	17.42	19.6	19.6	19.6	19.60
16	17.45	17.45	17.45	17.45	19.65	19.7	19.75	19.70
17	17.5	17.55	17.6	17.55	19.75	19.8	19.8	19.78
18	17.6	17.6	17.6	17.60	19.8	19.8	19.8	19.80
19	17.6	17.6	17.6	17.60	19.8	19.8	19.8	19.80
20	17.65	17.65	17.65	17.65	19.8	19.85	19.9	19.85
21	17.65	17.7	17.7	17.68	19.95	19.95	19.95	19.95
22	17.7	17.7	17.75	17.72	20.0	20.0	20.0	20.00
23	17.8	17.8	17.85	17.81	20.0	20.05	20.05	20.03
24	17.9	17.95	18.0	17.95	20.05	20.1	20.1	20.08
25	18.05	18.1	8.0	1[illegible].72	20.1	20.15	20.15	20.13
26	[illegible]	12.[illegible]	1[illegible].0	12.25	20.2	20.2	20.2	20.20
27	[illegible]	1[illegible].2	1[illegible].5	1[illegible].13	20.2	20.15	20.15	20.17
28	[illegible]	[illegible]	1[illegible]	1[illegible].17	20.15	20.1	20.1	20.12
29	[illegible]	1[illegible].0	16.05	1[illegible].80	20.1	20.1	20.1	20.10
30	[illegible]	[illegible]	16.15	16.35	20.1	20.1	20.1	20.10
31					20.1	20.1	20.05	20.08

TEMPÉRATURES DU SOL

CORDOBA, 1883

RÉSUMÉS MENSUELS

Tab. XXXII

MOIS	MOYENNES OBSERVÉES A LA PROFONDEUR DE					
	0.075 m.	0.150 m.	0.360 m.	0.660 m.	0.960 m.	1.260 m.
Janvier ..	23.40	22.98	22.97	22.51	21.84	21.38
Février ..	21.85	21.68	22.53	21.78	21.48	21.29
Mars.....	21.10	21.12	22.54	21.33	21.13	21.09
Avril	15.37	15.77	18.49	18.50	19.29	19.75
Mai......	13.33	13.48	15.73	15.55	16.37	17.11
Juin.....	11.25	11.37	13.66	13.49	14.46	15.34
Juillet ...	10.30	10.37	12.76	12.25	13.13	13.82
Août.....	12.49	12.33	13.49	12.31	12.64	12.71
Septembre	15.96	15.82	16.81	15.05	14.60	14.44
Octobre..	17.61	17.29	18.69	17.02	16.62	16.39
Novembre	19.11	18.67	19.20	17.16	16.75	16.65
Décembre	22.07	22.01	23.15	20.56	19.65	19.14
Été......	22.34	22.22	22.88	21.62	20.99	20.60
Automne.	16.60	16.79	18.92	18.46	18.93	19.32
Hiver....	11.35	11.36	13.30	12.68	13.41	13.96
Printemps	17.56	17.26	18.23	16.41	15.99	15.82
Année ...	16.96	16.91	18.33	17.29	17.33	17.43

TEMPÉRATURES DU SOL

CORDOBA, 1883

TEMPÉRATURES EXTRÊMES OBSERVÉES

Tab. XXXIII, 1

MOIS	à 0.075 m. de prof.			à 0.150 m. de prof.		
	Maxima	Minima	Différence	Maxima	Minima	Différence
Janvier	31.8	15.9	15.9	30.6	17.4	13.2
Février	27.3	15.8	11.5	26.0	17.2	8.8
Mars	26.1	14.9	11.2	25.5	16.4	9.1
Avril	22.0	6.1	15.9	22.0	9.0	13.0
Mai	19.5	5.2.	14.3	18.4	7.2	11.2
Juin	19.0	2.7	16.3	18.0	5.2	12.8
Juillet	19.5	1.4	18.1	17.8	3.9	13.9
Août	21.7	5.2	16.5	19.2	6.4	12.8
Septembre	24.9	8.4	16.5	22.6	11.0	11.6
Octobre	27.2	9.3	17.9	24.0	11.1	12.9
Novembre	24.1	4.8	19.3	22.3	6.9	15.4
Décembre	28.6	16.5	12.1	27.2	18.3	8.9
Année	31.8	1.4	30.4	30.6	3.9	26.7

TEMPÉRATURES DU SOL

CORDOBA, 1883

TEMPÉRATURES EXTRÊMES OBSERVÉES

Tab. XXXIII, 2

MOIS	à 0.360 m. de prof.			à 0.660 m. de prof.		
	Maxima	Minima	Différence	Maxima	Minima	Différence
Janvier.......	26.1	20.3	5.8	24.3	21.1	3.2
Février.......	24.3	20.0	4.3	22.6	20.9	1.7
Mars..........	24.4	19.9	4.5	22.6	19.6	3.0
Avril.........	22.3	14.3	8.0	22.0	15.2	6.8
Mai...........	18.4	12.4	6.0	17.1	13.2	3.9
Juin..........	17.1	10.6	6.5	15.5	11.6	3.9
Juillet........	16.6	9.5	7.1	14.3	10.3	4.0
Août..........	15.9	10.2	5.7	13.8	10.2	3.6
Septembre....	19.5	15.1	4.4	16.6	13.8	2.8
Octobre.......	21.7	16.1	5.6	18.65	15.65	3.0
Novembre.....	21.9	8.4	13.5	19.55	7.4	12.15
Décembre.....	25.4	16.5	8.9	21.8	17.0	4.8
Année........	26.1	*8.4 9.5	*17.7 16.6	24.3	*7.4 10.2	*16.9 14.1

TEMPÉRATURES DU SOL

CORDOBA, 1883

TEMPÉRATURES EXTRÊMES OBSERVÉES

Tab. XXXIII, 3

MOIS	à 0.960 m. de prof.			à 1 m. 260 m. de prof.		
	Maxima	Minima	Différence	Maxima	Minima	Différence
Janvier	22.8	21.0	1.8	22.0	20.6	1.4
Février	21.95	21.05	0.9	21.6	21.0	0.6
Mars	22.0	20.2	1.8	21.65	20.6	1.05
Avril	21.4	16.6	4.8	21.2	17.8	3.4
Mai	17.2	14.6	2.6	17.75	15.75	2.0
Juin	15.45	13.0	2.45	15.8	14.1	1.7
Juillet	14.05	11.8	2.25	14.25	12.75	1.5
Août	13.55	11.55	2.0	13.6	12.4	1.2
Septembre	15.65	13.35	2.3	15.3	13.45	1.85
Octobre	17.6	15.5	2.1	17.15	15.3	1.85
Novembre	18.6	6.6	12.0	18.1	8.0	10.1
Décembre	20.8	16.65	4.15	20.2	16.6	3.6
Année	22.8	*6.6 11.8	*16.2 11.0	22.0	*8.0 12.4	*14.0 9.6

IRRADIATION SOLAIRE

CORDOBA, 1883

Tab. XXXIV, 1

DATES	JANVIER	FÉVRIER	MARS	AVRIL	MAI	JUIN
1	63.8	56.0	54.1	43.9	40.5	39.8
2	60.7	56.0	60.5	45.8	44.4	38.1
3	63.2	61.0	52.7	45.9	50.5	36.5
4	64.5	58.0	58.5	47.0	44.5	38.7
5	59.4	60.7	52.0	52.8	44.1	40.6
6	57.2	64.6	59.1	48.8	43.6	41.0
7	52.5	53.0	55.6	52.5	34.6	44.0
8	58.4	59.7	58.6	55.0	30.2	44.5
9	57.5	60.8	63.2	54.9	32.6	41.4
10	61.9	62.8	—	52.7	38.2	42.7
11	52.4	55.4	52.0	53.5	44.8	43.1
12	51.7	55.8	55.9	48.1	42.4	39.7
13	55.4	60.3	52.7	44.4	20.5	39.9
14	60.5	60.9	47.5	50.4	36.6	39.2
15	54.4	54.6	55.4	51.2	36.3	18.0
16	55.1	37.2	53.1	50.5	40.3	23.1
17	61.0	40.8	55.8	48.4	41.0	28.0
18	62.7	55.5	55.6	41.8	42.0	16.0
19	63.8	56.1	58.0	44.1	19.0	28.0
20	62.6	62.2	52.5	44.5	36.8	18.2
21	58.6	58.0	51.1	50.0	39.0	23.3
22	59.2	58.3	52.4	29.0	37.1	29.5
23	60.6	52.4	53.6	41.1	35.2	34.4
24	64.8	56.6	55.5	35.6	41.0	38.1
25	57.3	56.5	60.3	40.8	30.4	38.9
26	62.4	56.7	56.2	44.6	30.0	15.4
27	—	58.6	50.0	47.6	35.6	34.8
28	59.6	56.5	55.0	48.2	37.3	38.8
29	56.7		61.0	42.8	40.0	44.1
30	62.9		56.5	15.4	41.6	42.5
31	54.3		45.8		30.2	

IRRADIATION SOLAIRE

CORDOBA, 1883

Tab. XXXIV, 2

DATES	JUILLET	AOUT	SEPTEMBRE	OCTOBRE	NOVEMBRE	DÉCEMBRE
1	45.3	39.9	39.4	24.4	49.3	57.2
2	43.6	41.1	30.7	53.6	52.0	50.1
3	40.6	40.0	43.8	52.2	49.7	52.0
4	47.2	41.5	45.8	53.4	50.8	55.8
5	21.4	38.9	41.7	48.6	55.4	55.8
6	17.5	42.8	47.2	58.7	59.3	55.1
7	22.9	45.6	37.9	58.8	57.9	56.0
8	35.8	48.6	34.6	50.7	50.2	57.5
9	16.0	48.1	42.6	57.8	60.0	58.8
10	20.7	49.1	41.4	58.2	55.3	57.6
11	37.3	49.8	45.8	52.8	52.1	54.6
12	37.5	44.3	48.8	52.2	58.2	53.5
13	45.3	49.8	49.5	53.3	54.7	52.3
14	41.6	43.9	49.0	54.9	54.0	54.6
15	43.0	46.5	46.1	57.3	55.3	55.7
16	48.0	42.3	48.6	57.7	50.8	59.4
17	49.1	39.2	52.1	51.8	52.9	55.2
18	48.6	—	56.0	55.8	53.5	58.6
19	40.9	40.2	25.2	34.7	52.6	54.6
20	37.9	41.5	46.2	33.5	56.8	52.0
21	35.6	44.7	47.2	49.0	59.3	57.0
22	36.0	49.1	51.3	51.8	56.5	58.1
23	19.6	—	55.0	52.8	55.6	55.2
24	17.7	40.6	56.6	49.6	57.0	50.9
25	38.0	39.7	49.0	28.6	59.3	58.2
26	40.4	48.3	45.0	48.1	55.2	53.6
27	44.6	43.1	46.7	54.7	49.6	57.1
28	37.5	45.0	49.0	42.0	52.8	38.4
29	40.8	46.5	53.3	44.8	48.7	50.8
30	38.9	54.8	50.0	52.1	55.0	51.2
31	38.5	50.0		40.1		55.1

PRÉCIPITATIONS ET ORAGES

CORDOBA, 1883

Tab. XXXV

MOIS	PLUIE		NOMBRE DES JOURS DE			
	hauteur mm.	°/o de la hauteur annuelle	Pluie	Grêle	Eclairs et tonnerre	Eclairs sans tonnerre
Janvier......	75.4	10.2	7	—	4	—
Février......	57.8	7.8	6	1	6	—
Mars.........	74.6	10.0	5	—	4	2
Avril........	11.1	1.5	2	1	1	1
Mai..........	12.2	1.7	6	—	—	—
Juin.........	1.7	0.2	1	—	—	1
Juillet.......	6.8	0.9	4	—	2	1
Août.........	0	0.0	0	—	—	—
Septembre....	10.4	1.4	3	1	2	1
Octobre......	138.7	18.7	11	2	3	—
Novembre....	232.3	31.4	14	1	11	2
Décembre....	120.2	16.2	9	1	12	—
Été..........	253.4	34.2	22	2	22	—
Automne.....	97.9	13.2	13	1	5	3
Hiver........	8.5	1.1	5	—	2	2
Printemps....	381.4	51.5	28	4	16	3
Année.......	741.2	100.0	68	8	45	8

TEMPÉRATURES DU SOL

CORDOBA, 1883

RÉSUMÉS DÉCADIQUES

Tab. XXX

MOIS	DÉCADES	A 36 CENTIMÈTRES				A 66 CENTIMÈTRES			
		7 a.	2 p.	9 p.	MOYENNE	7 a.	2 p.	9 p.	MOYENNE
Janvier..	1	24.84	24.70	24.72	24.75	23.26	23.35	23.41	.
	2	21.91	21.66	21.57	21.71	22.15	22.12	22.06	.
	3	22.63	22.44	22.41	22.49	22.10	22.13	22.43	.
Février..	1	21.99	21.89	21.86	21.91	21.64	21.67	21.67	.
	2	23.29	23.06	23.00	23.12	22.26	22.23	22.20	
	3	22.62	22.48	22.56	22.55	21.33	21.36	21.39	.
Mars...	1	24.17	23.98	23.97	24.04	22.32	22.34	22.36	23.
	2	21.02	20.80	20.82	20.88	20.53	20.50	20.45	[illegible].34
	3	22.75	22.65	22.67	22.69	21.10	21.17	21.24	21.[illegible]
Avril...	1	19.73	19.33	19.48	19.58	19.62	19.54	19.47	19.54
	2	20.17	19.94	19.84	19.98	19.41	19.39	19.38	19.39
	3	16.09	15.89	15.81	15.93	16.65	16.57	16.49	16.57
Mai....	1	16.99	16.93	16.99	16.97	16.19	16.25	16.28	16.24
	2	16.73	16.61	16.62	16.65	16.24	16.24	16.23	16.24
	3	13.93	13.73	13.63	13.76	14.36	14.30	14.21	14.29
Juin....	1	14.37	14.30	14.38	14.35	13.81	13.86	13.91	13.86
	2	15.22	15.06	15.01	15.10	14.64	14.62	14.60	14.62
	3	11.67	11.48	11.50	11.55	12.04	12.00	11.97	12.00
Juillet ..	1	13.76	13.68	13.69	13.71	12.69	12.74	12.76	12.73
	2	13.86	13.79	13.87	13.84	12.69	12.75	12.80	12.75
	3	11.15	10.84	10.75	10.91	11.48	11.37	11.25	11.37
Aout...	1	11.69	11.57	11.68	11.65	10.80	10.85	10.87	10.84
	2	14.85	14.63	14.66	14.71	13.09	13.13	13.16	13.13
	3	14.08	13.92	14.15	14.05	12.88	12.90	13.95	12.91
Septembre.	1	16.02	15.86	15.86	15.94	14.31	14.34	14.35	14.33
	2	16.91	16.73	16.80	16.81	14.79	14.87	14.92	14.86
	3	17.81	17.62	17.65	17.69	15.95	15.93	15.97	15.96
Octobre..	1	19.41	19.31	19.38	19.37	16.93	16.99	17.05	16.99
	2	20.24	20.00	19.97	20.07	17.99	17.99	18.00	17.99
	3	16.92	16.77	16.74	16.81	16.21	16.19	16.11	16.17
Novembre.	1	19.17	19.18	19.30	19.22	17.01	17.12	17.19	17.11
	2	20.36	20.19	20.22	20.26	18.45	18.49	18.44	18.46
	3	18.36	18.61	17.41	18.18	16.02	16.37	15.37	15.92
Décembre..	1	21.77	21.75	22.11	21.88	18.99	19.13	19.25	19.12
	2	24.37	24.22	24.32	24.30	21.39	21.42	21.39	21.40
	3	23.41	23.19	23.20	23.27	21.11	21.09	21.06	21.09

égard dans la formation des moyennes du jour ni dans les listes des maxima et minima des décades ou mois.

J'ai exécuté personnellement les observations excepté dans le cas où mon épouse ou ma sœur PAULINE, familiarisées l'une et l'autre à ce genre d'observations, ont eu la bonté de me remplacer.

Il manque les données sur la nébulosité et la direction et force du vent pour que mes observations soient celles d'une station complète météorologique : mais je n'ai voulu que compléter les observations qui se pratiquent régulièrement á l'Observatoire depuis le 1er septembre 1872, étudiant et observant de mon côté l'évaporation et la température du sol avec quelques éléments nécessaires pour une discussion de mes résultats.

PRESSION ATMOSPHÉRIQUE

(Tab. I-IV)

L'instrument

L'instrument dont je me suis servi, est le baromètre normal n° 133, fabriqué par la maison si renommée de M. R. FUESS de Berlin, combinaison de baromètre à siphon et à cuvette, proposée par M. H. WILD qui l'appelle « baromètre de contrôle ».*

Je regrette que mon instrument n'ait pas été comparé avec le normal de l'Institut Météorologique de Prusse, comme je l'avais désiré.

Le 30 novembre et le 1er décembre 1881 eut lieu una comparaison avec le baromètre normal du Bureau Central Météorologique annexé à l'Observatoire Astronomique de Córdoba.

Le baromètre de cet institut est du système Fortin à cu-

* Voir : *Mélanges Physiques et Chimiques*, Tome XI. — Bericht über die wissensch. Instrumente auf d. Berlin. Gewerbe-Ausstellung 1879, pag. 223 et suivantes.

vette très-grande, fait par NEGRETTI et ZAMBRA de Londres, et il semble que des comparaisons antérieures ont donné comme résultat un accord parfait de ses indications avec celles du normal de KEW ; au moins je n'ai pas vu qu'aucune correction constante soit appliquée à ses lectures. Je suppose que l'instrument s'emploie depuis le commencement des observations de l'Observatoire, c'est-à-dire depuis le 1er septembre 1872.

Le résultat des 5 observations simultanées des deux instruments est le suivant :

> Baromètre normal de l'Observatoire — Fuess n° 133 = — 0.45mm. avec une erreur probable du résultat = à ± 0.0192, celle d'une observation = à ± 0.0430.

La différence de niveau des deux instruments pendant les comparaisons a été de 46mm.; la correction qui en résulterait est trop peu de chose pour en faire cas.

Les épreuves répétées auxquelles j'ai soumis mon instrument, démontrent l'absence complète d'air dans le vacuum, expérience qui n'est pas réalisable avec le baromètre de l'Observatoire.

Provisoirement et jusqu'à ce que je puisse traiter plus à fond la question de la différence des deux instruments, je donne mes observations barométriques sans la correction négative de 0.45mm.

Ainsi, pour rapporter mes observations à celles de l'Observatoire il faut leur appliquer les corrections suivantes :

Cause de la différence de niveau (32^m87)....	— 2.79^{mm}
Correction résultante de la comparaison....	— 0.45^{mm}
Correction totale.........	— 3.24^{mm}

Dans le calcul de la correction pour cause de la différence de niveau j'ai employé la formule hypsométrique de RUEHLMANN et les suivantes données relatives à l'Observatoire :

Pression atmosphérique moyenne....	723.78mm*
Température moyenne de l'air.......	16°7 C**
Humidité relative moyenne.........	69 %**
D'où Force élastique de la vapeur....	9.8mm

Il résulte la même correction, si le calcul s'appuie sur mes observations pour l'année 1883.

Résultats

La pression moyenne a été de 727.05mm (moyenne arithmétique des trois observations journalières à 7 am., 2 pm., et 9 pm. Les moyennes mensuelles oscillent entre 730.33 (Juillet) et 724.52 (Décembre), donnant une amplitude de 5.81mm.

La pression la plus forte fut observée le 19 août à 7 am; elle était de 740.08mm. Comme la plus faible, qui eut lieu le 11 mai à 2 pm., était de 713.61, nous avons une oscillation absolue de 26.47mm.

L'oscillation la plus grande dans un même mois a été celle de Mai (24.59mm), la moindre, celle de Décembre (10.99).

L'amplitude moyenne diurne (nous nous bornons ici aux trois observations journalières de la combinaison de 7, 2 et 9 heures et nous donnons comme telle la différence des observations faites à 7 am. et a 2 pm.) a été de 2.02mm. en général; mais elle a eu son maximum en Octobre (2.60mm.) et son minimum en Juillet (1.65mm.); elle est de 1.81mm. en été, de 1.91mm. en automne, en hiver de 1.86mm., mais de 2.49mm. au printemps.

Passant aux moyennes du jour, nous dirons seulement que

* Voir : *Anales de la Oficina Meteorológica*. Tomo II, pag. 5 ; relative à Septembre 1872 — Décembre 1876. Je ne connais pas de publication postérieure sur la pression atmosphérique de Córdoba.

** *Anales de la Oficina Meteor.*, Tomo III, pag. 501.

la moyenne maxima a été de 738.69mm — le 21 Juillet — et la plus basse de 716.13mm. le 9 Novembre.

TEMPÉRATURE DE L'AIR

Tab. V-X

Instruments

Les thermomètres employés sont les mêmes dont j'ai fait mention en publiant mes observations de l'année passée ; on y trouvera la description de leur exposition, aucun changement n'ayant eu lieu depuis lors.

Le thermomètre à été comparé plusieurs fois avec l'instrument normal Fuess n° 109 dont les indications s'examinent scrupuleusement tous les ans. Il en est de même pour le thermomètre à minima ; celui à maxima a en outre été corrigé tous les jours par les observations faites à midi et à 2 heures de l'après-midi, pour éliminer les effets que la radiation de l'abri double à persiennes, un peu petit, a pu peut-être causer.

Tous les chiffres notés dans la table V ont les corrections faites d'après les résultats de ces comparaisons et tous se rapportent au thermomètre centigrade.

Résultats

La température moyenne annuelle, déduite des trois observations journalières à heures fixes, à été de 16°84, ou, donnant préférence à la combinaison $\frac{1}{4}$ (VII + II + 2 × IX), elle à été de 16°39, pendant que celle résultant des indications du thermométrographe est de 17°02.

Pour le mois le plus chaud (Janvier) il a résulté une température moyenne de 23°58 (23.09 d'après le thermomètrographe), pour le plus froid (Juillet) une de 9°78 (10°17), d'où provient l'oscillation annuelle moyenne de 13°80 (12°92).

De la température maxima — 40°6 — observée le 4 Janvier à 2h pm., et la plus basse. — 5.6. du 23 Juin à 7h am., il s'en suit une oscillation annuelle absolue de 46°2, mais conformément aux indications des thermomètres à maxima et à minima elle a été de 47°8.

L'amplitude diurne périodique est en général de 11°78, elle atteint son maximum en hiver (14°81) et son minimum au printemps (9°55); en été elle est presque égale à celle du printemps (9°73) et celle de l'automne est de 13°02. Elle a été très faible en Novembre (7°64), Décembre et Octobre, et très grande en Août (17°27), Avril et Juin.

L'oscillation diurne moyenne apériodique (M-m) à été en général de 15°16; sa valeur pour le mois d'Août est de 19°50, de 12°38 pour Novembre.

Si nous considérons l'oscillation absolue observée dans un même mois, celle d'Avril (36°4) se distingue par sa grandeur de toutes les autres; la plus faible, celle de Novembre, à été de 22°0, celle de Février (24°0) ressemble à cette dernière.

La moyenne du jour le plus chaud est celle du 4 Janvier (34°20), la plus basse, celle du 22 Juin (1°27). Seulement deux fois — en Janvier — la moyenne du jour à été supérieure à 30° et elle à été inférieure à 5° 1 fois en Mai, 3 fois en Juin et 6 fois en Juillet.

Des températures isolées supérieures à 35° sont rares : examinant les observations faites à 2h p.m., nous trouvons 7 cas en Janvier, 1 en mars et 1 en Octobre.

Il se sont observées des températures égales ou inférieures à 0° :

	à 7 am.	à 9 pm.	Thermom. à min.	
Avril.........	3 (—)	—	5 (1)	fois
Mai..........	1 (—)	—	4 (—)	»
Juin	8 (1)	1 (—)	10 (3)	»
Juillet........	7 (2)	3 (—)	12 (3)	»
Août.........	6 (—)	—	9 (—)	»
Septembre....	—	—	4 (—)	»
Somme....	25 (3)	4 (—)	44 (7)	fois

(Les chiffres mis entre deux parenthèses indiquent des températures égales ou inférieures à — 5°).

La première gelée a eu lieu le 19 Avril (en 1882 elle fut le 14 Avril), la dernière le 21 Septembre.

Dans le Tab. IX j'ai calculé la variabilité moyenne interdiurne selon la méthode introduite par M. J. HANN*, que j'ai moi-même employée dans d'autres travaux sur cet élément climatologique**.

Voir les chiffres dans le tableau, ainsi que le résumé des changements de température contenus dans le Tab. X, 1, 2 et 3.

FORCE ÉLASTIQUE DE LA VAPEUR

(Tab. XI-XIV)

La série présentée dans le Tab. XI n'est pas de même origine. Je m'étais proposé d'observer avec un hygromètre ajustable de la classe fabriquée par M. HOTTINGER de Zurich, successeur de GOLDSCHMID (hygromètre système KOPPE,) et j'ai pratiqué ainsi les observations depuis le commencement de l'année jusque vers le milieu de Mars.

Mais la grande quantité de poussière qui enveloppe cette ville la plupart du temps, avait dès le commencement de Mars ôté beaucoup de sensibilité au mécanisme si délicat de l'appareil, de manière que hors les ajustements réguliers il fallait, au moyen du psychromètre, faire un contrôle et appliquer une correction pour chaque observation. Enfin depuis le 27 Mars, je me vis obligé à le remplacer définitivement par un psychromètre,

Cet instrument, divisé en $1/5$°, provient de la maison de

* Sitzungsber. d. Wien. Akad. de Wiss. Bd. LXXI (1875). II Abth. April-Heft.—Zeitschr. d. Oesterr. Ges. f. Met. XI (1876).

** *Boletin de le Acad. Nac. de Cienc.*, Córdoba, Tomo V, pag. 307-114 ; Tomo VI. pag. 5-160.

Hottinger et a été soigneusement comparé avec le thermomètre normal.

La force élastique a été calculée d'après les tables connues de Jelinek, ayant égard à la pression barométrique du moment de l'observation.

La moyenne annuelle à été de 9.3mm; c'est aussi la moyenne de toutes les observations faites le soir. Le maximum des moyennes mensuelles (13.7mm.) appartient à Décembre, le minimum (4.4mm.) à Août.

Le maximum de force élastique (20.8mm.) fut observé le 25 Mars a midi, le minimum (1.9mm.) le fut le 8 Septembre à 2 heures.

HUMIDITE RELATIVE

(Tab. XV-XVII)

Le moyenne annuelle à été de 63.9 %; deux mois, seulement, Août et Septembre, présentent une moyenne inférieure à 60 % (celui-ci de 51.1, le premier de 47.0 %); de tous les autres mois qui donnent une moyenne qui varie entre 60 et 70, Mai se distingue par l'humidité maxima de 69.9 %.

La saturation de l'air n'a été observée que 6 fois : à 7 a.m. le 8 Janvier, 11 Février, 4 Avril, 24 Mai et 26 Novembre, et le soir du 10 Février. Le minimum (10.9 %) se trouva être le 7 Août à 2 heures; un autre très remarquable de 12.4 fut observé le 10 Septembre.

Des degrés d'humidité inférieurs à 20 % se sont présentés depuis le mois d'Avril jusqu'en Septembre, assez fréquemment en Août et Septembre, mais jamais pendant les mois d'été.

EVAPORATION

(Tab. XVIII-XXII)

L'instrument employé pour les observations est de Hottinger, n° 104, système Wild, et sa position a été la même que celle de l'an passé, c'est-à-dire, le plateau destiné à l'évaporation sans abri situé du côté de l'abri thermométrique à 2.05 m. de hauteur au-dessus de la superficie du sol; l'autre plateau à la même hauteur des thermomètres (2.30 m.) et placé sur la balance dans l'intérieur de l'abri.

La quantité totale de l'eau évaporée à l'air libre et au soleil á été de 2117.5mm, ayant été de 2412.3 durant l'année 1882, ce qui donne une évaporation moyenne diurne de 5.80mm. Ce chiffre s'élève à 7.79 mm. en Janvier et est seulement de 3.35 en Mai.

Quoique l'humidité relative soit plus basse en hiver, la température élevée de l'été fait que son évaporation l'emporte de beaucoup sur celle de l'hiver.

La somme d'evaporation diurne approche trés-rarement de 0mm., il n'y á pas de jour dans toute l'année où elle ait été égale à 0 mm.

D'un autre coté nous trouvons le maximum de l'évaporation diurne le 4 Janvier (jour qui donne la température la plus élevée de l'année) — 17.8mm, et 27 fois une évaporation supérieure á 10 mm, à savoir :

En Janvier et Décembre........	6	fois
Septembre..................	4	»
Février, Août et Octobre.......	3	»
Avril et Juillet...............	1	»

A l'abri, l'évaporation totale de l'année à été de 989.8 mm, somme á laquelle Janvier a contribué pour 124.6, Mai seulement pour 56.3. Par conséquence la quantité moyenne [illegible] par jour est de [illegible] mm., oscillant entre [illegible] Janvier et [illegible] mm. [illegible]. Le maximum [illegible] mm. qui a été observé pendant toute l'année, [illegible] par jour.

Quant à la proportion entre l'évaporation [illegible] et l'évaporation [illegible], le Tab. XXI nous fait voir qu'elle a été [illegible]. Cette proportion a été de [illegible] en Novembre, de [illegible] en Mai et de [illegible] en Juin.

Température du sol

[illegible]

Comme je l'ai exposé plus amplement dans la publication de mes observations relatives à [illegible], je m'étais décidé pour la méthode [illegible] [illegible] Pour [illegible] l'observation à la profondeur de [illegible] je me suis servi [illegible] d'autre instrument [illegible] thermomètres [illegible] par la même raison. La température de la superficie du sol [illegible] d'après les résolutions du Congrès international de météorologistes tenu à Rome [illegible] observations [illegible].

Tous les chiffres qui figurent dans ces tableaux ont été corrigés d'après les comparaisons avec le thermomètre normal.

[illegible] La moyenne annuelle [illegible] les moyennes mensuelles oscillent entre [illegible] en Janvier et [illegible] en Juillet. L'observation qui donne la température la plus [illegible] a eu lieu à [illegible] heures du [illegible] par [illegible] aussi la moyenne la plus haute, 29°70, pendant que l'observation dans laquelle fut notée la température la plus basse, fut faite à 7 am. le 25 Juillet (1°4), jour dont la moyenne a été de 4°50. C'est l'unique moyenne diurne inférieure à 5°.

A 15 cm. de profondeur. Les moyennes annuelles et mensuelles se distinguent très peu de celles que nous venons de donner pour la profondeur de 7.5 cm. : l'annuelle 16°91, les extrêmes mensuelles 22°98 (Janvier) et 10°37 (Juillet). Avant de connaître bien la marche diurne et par conséquent les vraies moyennes, nous ne pouvons donner que ces chiffres-là. Les températures extrêmes s'observèrent le 4 Janvier à 9 pm. (30°6, moyenne de ce jour-là 28°37) et le 25 Juillet à 7 am. (3°9, moyenne diurne 5°17).

A 36 cm. de profondeur. Moyenne annuelle = 18°33 ; la mensuelle de Décembre (supérieure à celle de Janvier en 0°18) 23°15, celle de Juillet 12°76. Les moyennes diurnes extrêmes sont celles du 5 Janvier (25.90) et du 26 Juillet (9.63). La température la plus faible fut observée le 26 Juillet à 2 pm., elle était égale à 9°5 ; l'autre extrême, de 26°1, se fit sentir le 8 Janvier à 7 am.

A 66 cm. de profondeur. Les moyennes mensuelles ont oscillé entre 22°51 (Janvier) et 12°25 (Juillet), résultant la moyenne annuelle = à 17°29.

Moyennes extrêmes diurnes : le 8 Janvier 24°25 et le 2 Août 10°20. Température extrême : 24°3 le 8 Janvier à 9 pm. et le 9 à 7 am., 10°2 le 1er Août à 9 h. am. et le 2 Août 3 fois.

A 96 cm. de profondeur. Moyenne annuelle : 17°33 ; moyennes mensuelles extrêmes : Janvier 21°84 et Août 12°64.

Moyennes diurnes extrêmes : 22°80 le 10 et le 11 Janvier, 11°55 le 3 Août.

Les températures extrêmes : 22°80 le 9-12 Janvier et 11°55 le 3 et le 4 Août.

A 1.26 m. de profondeur. La moyenne annuelle à été 17°43, les mensuelles extrêmes : 21°38 pour Janvier et 12°71 pour Août.

Les moyennes diurnes extrêmes 22°00 le 12 et le 13 Janvier, 12°40 le 4, 5 et 6 Août.

Pendant quelques mois des observations horaires se sont faites afin de réunir quelques données pour la détermination de la marche diurne de la température dans les couches supérieures du sol.

Leur nombre n'est pas encore suffisant pour en donner les résultats dès à présent ; je les continuerai à l'avenir, si du moins mes ocupations me permettent de mettre ce projet à exécution.

En attendant, voici les différences moyennes des températures extrêmes observées dans une journée dans les couches supérieures :

Oscillation diurne périodique

Profondeur	Heures	Été	Automne	Hiver	Printemps	Année
0.075m	II-VII	3°48	3°08	4°80	4°81	4.04
0.150m	IX-VII	2°27	1°56	2°41	2°22	2.08
0.360m	VII-II	0°16	0°18	0°16	0°10	0.15

Le petit nombre d'observations sur la température du sol dans l'hémisphère méridional — je ne connais que celles qui ont été faites à Melbourne (1861-63) par M. Neumayer et celles de Sydney (1870-75) *, m'a déterminé à faire un calcul provisoire des constantes de la formule de Poisson :

$$\log \Delta_p = A - Bp$$

sur la base des amplitudes annuelles, exprimées par la différence des moyennes annuelles extrêmes.

Utilisant les observations faites dans toutes les couches du sol et calculant par la méthode des moindres carrés, il résulte:

$$\log \Delta_p = 1.10452 - 0.1413p,$$

d'où

$$\Delta_0 = 12°72.$$

* D'après Wild, Repert. d. Meteor., VI. n° 4.

Le degré de conformité entre l'observation et le calcul est démontré par les chiffres suivants :

Profondeur	Amplit. calc.	Amplit. obs.	Calc.— Obs.
L'air........	—	13°80	—
Superf. du sol.	12°72	—	—
0.075m......	12.41	12.80	—0.39
0.150m......	12.12	12.61	—0.49
0.360m......	11.31	10.39	+0.92
0.660m......	10.26	10.26	±0.0
0.960m......	9.31	9.20	+0.11
1.260m......	8.44	8.67	—0.23

La valeur de $K = \frac{k}{C}$, dérivée de B, résulte= 0.5643, à la température moyenne de 17° et relative à gravier et sable micacé.

Si nous ne tenons compte que des trois couches les plus profondes, il s'en suit

$\log \Delta_p = 1.08721 - 0.1211\, p$; $\Delta_0 = 12°22$ et K (calculée de B) = 0.7682, avec la concordance suivante entre le calcul et l'observation :

Profondeur	Amplit. calc.	Amplitud obs.	Calculé – Obs.
0.660m	10°17	10°26	—0.09
0.960m	9°35	9°20	+0.15
0.260m	8°60	8°67	--0.07

Utilisant les données résultantes pour calculer les profondeurs où les amplitudes ont certaines petites valeurs, nous trouvons

Δ_p	p (6 couches)	p (3 couches)
1°0	7.81m	8 98m
0°5	9.94m	11.46m
0°1	14.88m	17.23m
0°01	21.95m	25.49m

Il ne convient pas de pousser plus loin le calcul avec des données qui comprennent une époque relativement si courte.

En terminant, il me reste à expliquer le motif des chiffres doubles dans les minima et les oscillations mensuelles, qui se trouvent dans les Tab. XXXIII, 2 et 3.

Les chiffres précédés d'un astérisque proviennent de la basse température anormale produite par l'inondation de tout le jardin à cause de la grêle du 25 Novembre qui, dans le court intervalle d'un quart d'heure, couvrit le sol d'une épaisse couc1e de grêlons. Ce fort minimum extraordinaire qui a eu lieu dans un mois chaud, ne peut être pris en considération lorsqu'il s'agit de donner les températures extrêmes.

L'IRRADIATION SOLAIRE

(Tab. XXXIV)

L'instrument qui á servi, est un thérmomètre noirci enveloppé d'un tube libre d'air dont le reservoir sphérique est de 4 cm. de diamètre. Il se trouve à 1.60 m. au-dessus du sol dans un endroit convenable du jardin. La correction nécessaire de 1° a été appliquée aux chiffres du tableau.

Voici les moyennes et les températures maxima observées en 1883 :

Mois	Moyenne	Maximum	Date
Janvier	59°35	64°8	24
Février	56.71	64.6	6
Mars	54.97	63.2	9
Avril	45.71	55.0	8
Mai	37.41	50.0	3
Juin	34.68	44.5	8
Juillet.............	36.38	49.1	17
Août..............	44.65	54.8	30
Septembre	45.85	56.6	24
Octobre	49.58	58.8	7
Novembre	50.99	60.8	9
Décembre	54.58	59.4	16

Année 47°57, ou 23° plus que la moyenne annuelle des maxima observés.

PRÉCIPITATIONS ET ORAGES

Le pluviomètre, d'une ouverture circulaire de 500 cm. carrés, modèle de la Deutsche Seewarte de Hambourg, se trouve á 1.50 m. au-dessus du niveau du sol.

La hauteur totale des précipitations a été de 741.3 mm. pour 454.7 mm. de l'année 1882; elle est à peu près de 50 mm. supérieure à la quantité moyenne annuelle observée en dix années à l'Observatoire. Comparant, par saisons, les quantités moyennes avec celles qui sont tombé en 1883, et exprimant les unes et les autres par fractions de la somme annuelle, nous avons le rapport suivant :

	Moyenne	1883
Été........	51.4 %	34.2 %
Automne....	19.9 %	13.2 %
Hiver.......	3.1 %	1.1 %
Printemps...	25.6 %	51.5 %

La division de la quantité totale par le nombre de jours de pluie, ou la densité de la pluie par jour a été 2.27 mm. en 1882, et seulement 1.09 mm. en 1883.

En 2 jours il est tombé des quantités considérables d'eau : le 18 Octobre en 8 heures, entre pluie et grêle, une hauteur de 52.9 mm. et le 25 Novembre (jour cité en résumant les observations de la température du sol), en 47 minutes, 72.6 mm. de hauteur de grêle et de pluie. La grêle de ce jour se distingue par sa grandeur, quelques grêlons pesaient de 50 à 60 grammes, et la couche qu'elle forma, avait plusieurs centimètres d'épaisseur et ressemblait à une couche de neige.

Classifiant le reste des pluies par son intensité, nous avons :

Jours de	pluie d'une	hauteur de	01–10 mm......	14
»	»	»	1–10 mm......	28
»	»	»	10–20 mm......	13
		»	20–30 mm......	7
		»	30–40 mm......	4

La moitié des pluies étaient accompagnées d'orages; il a plu 33 jours avec et 35 sans orages. En été prédominent les pluies produites par les orages, le contraire arrive pendant l'automne et l'hiver et au printemps la moitié des pluies tombe sans qu'il y ait orage.

15 précipitations se sont produites sans que le pluviomètre ait indiqué la moindre quantité mesurable.

Córdoba, Août 1884.

ERRATA

Table	Colonne	Lisez	au lieu de :
V, 12	Décembre 2, 9 p.	18.0	18.9
XV, 1	Janvier 22, 9 p.	90.0	91.0
XVIII, 6	Juin 4, 9 p. à l'ombre	1.2	2.2
XXIII, 2	Avril 13, 9 p.	17.8	17.5
XXIV, 1	Février 2, 9 p.	19.2	19.3
XXIV, 2	Avril 25, 7 a.	9.0	5.0
XXV, 4	Juillet 28, 2 p.	10.6	10.5
XXVII, 4	Juillet 13, 2 p.	13.2	132
XXVII, 4	Juillet 22, moyenne	13.93	13.43
XXVIII, 2	Avril 9, 7 a.	20.05	20.5
XXX	Août, 3me décade, 9 p.	12.95	13.95
XXXII	Juin à 1.260 m.	15.29	15.34
—	Décembre à 0.960 m.	19.76	19.65
—	Été à 0.960 m.	21.03	20.99
—	Hiver à 1.260 m.	13.94	13.96
—	Année à 0.960 m.	17.34	17.33

DETERMINACION DE LA LATITUD

DE ALGUNOS LUGARES

DE LA REPÚBLICA ARGENTINA

POR EL DOCTOR OTTO KNOPF

Astronomo de Berlin

(CON LÁMINA)

En el mes de Agosto del año 1883, acompañando en su último viaje científico al Dr. BRACKEBUSCH, catedrático de mineralogía en la Universidad de Córdoba, tuve ocasion de determinar las latitudes de algunos pueblos del norte de la República Argentina. Desgraciadamente, el cronómetro que llevaba y que me habia sido proporcionado por la Oficina Hidrográfica de la República, no se prestaba para un viaje á mulas, motivo por el que no pude llevarlo conmigo, privándome así de poder tambien determinar la longitud de dichos puntos.

El sextante de que he hecho uso para las observaciones, sale de la fábrica de NEGRETTI y ZAMBRA de Lóndres. Despues de correjidas las posiciones de los espejos, no pude encontrar otro error de alguna importancia fuera del error de índice ó de colimacion, él que he tenido en cuenta en mis cálculos. Los ángulos podian leerse con un vernier hasta una aproximacion de diez segundos. El horizonte artificial que he usado es de azogue.

Como no tenia cronómetro, sinó solamente un reloj bastante ordinario, empleé un método con el cual no importaba nada la exactitud de la hora, suponiendo que tenia el reloj una marcha constante, lenta ó precipitada, durante las observaciones.

Este método es el siguiente :

Despues de haber observado una serie de alturas del sol, de 20 minutos antes hasta 20 minutos despues de mediodia, anotando cada vez el momento de la observacion, deducia de las alturas observadas las distancias zenitales, y formaba despues un cuadro (ver la lámina) en el que los tiempos de observacion servian de abscisas y como ordenadas las distancias zenitales. Uniendo entónces los puntos por medio de una curva continua, puede verse con bastante exactitud cual es la distancia zenital que corresponde al mediodia verdadero, con tal que sea bastante grande la escala. Agregando despues la declinacion del sol á esta distancia zenital, si el polo visible y el sol se encuentran del mismo lado del ecuador o, en caso contrario, deduciendo la declinacion de la distancia zenital, resulta la latitud del punto de la observacion.

La figura nos muestra las observaciones de Salta, hechas en los dias 30 y 31 de Agosto de 1883.

Las distancias zenitales del sol con los tiempos de observacion se encontraron como sigue :

	Tiempos de observacion	Alturas del sol
Agosto 30:	23ʰ 47ᵐ 50ˢ	33° 35′ 7″
—	23 51 27	33 20 21
—	23 53 7	33 28 6
—	23 55 47	33 27 7
—	23 59 3	33 25 7
Agosto 31:	0 2 26	33 25 11
—	0 4 26	33 25 36
—	0 6 1	33 26 1
	0 9 16	33 28 26
	0 12 51	33 31 47
	0 15 19	33 31 37
	0 18 3	33 39 37
	0 20 28	33 44 11

Lam III.

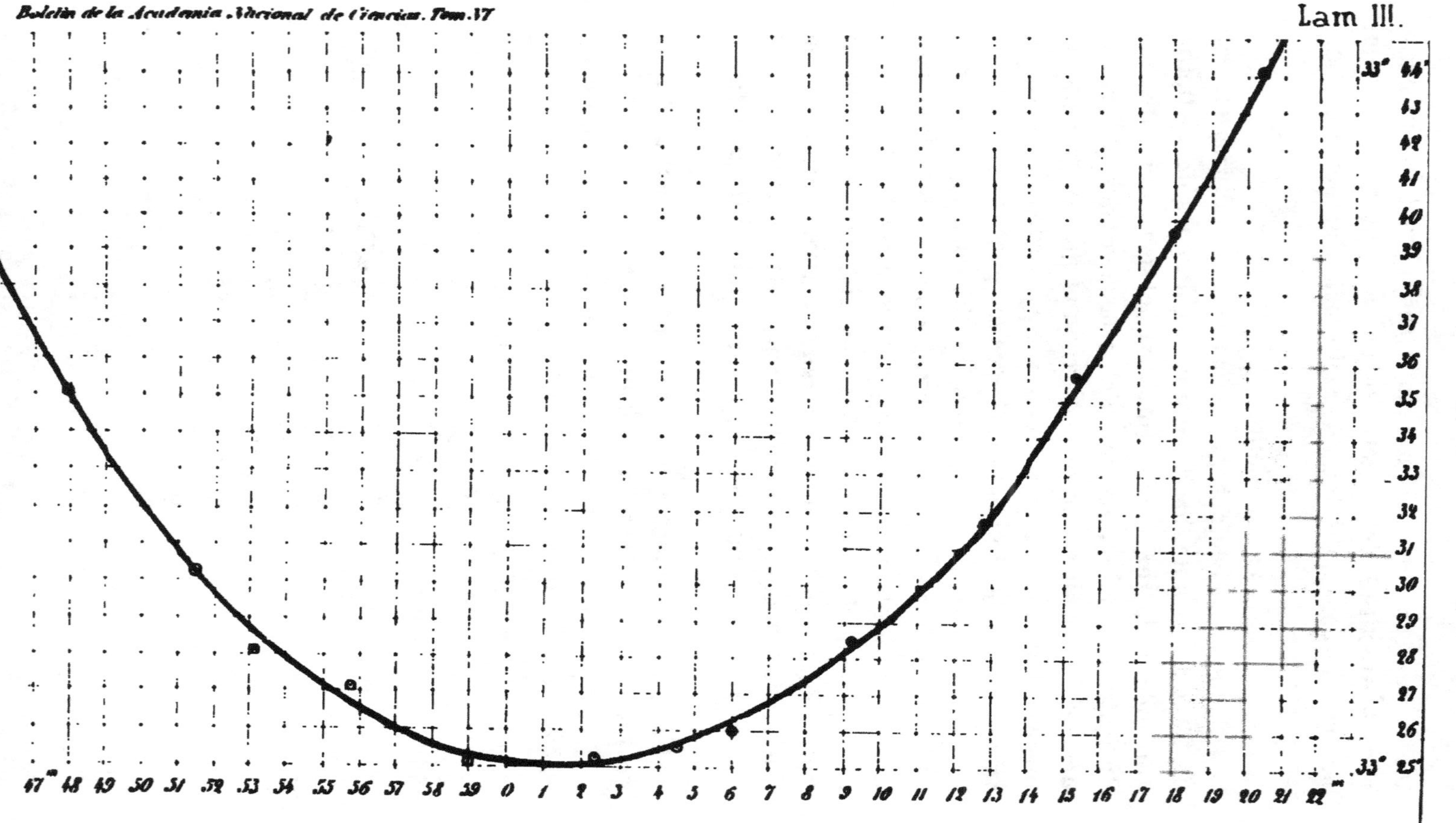

ALTURAS DEL SOL TOMADAS EN SALTA, 30 Y 31 DE AGOSTO DE 1883

En la figura, la distancia zenital del sol en el meridiano resulta igual á 33° 25′ 0″.

La declinacion del sol en aquel momento ó á las 4^h 20^m del tiempo de Greenwich, era 8° 37′ 6″ al norte. Deduciendo este valor de aquella distancia zenital, la latitud de Salta resulta ser igual á 24° 47′ 9″.

En Tucuman y Córdoba tuve ocasion de ensayar el sextante de que habia hecho uso, determinando las latitudes de esas dos capitales y comparando los resultados obtenidos por mi con los deducidos por el Observatorio Nacional. Segun este Instituto, Tucuman se encuentra por 26° 50′ 31″ de latitud y Córdoba por 31° 25′ 15″. Mis observaciones me dieron 26° 50′ 26″ para Tucuman (Hotel Union) y 31° 25′ 14″ para Córdoba (Hotel de Europa); otra observacion me ha dado 31° 25′ 12″ para Córdoba.

Me han parecido satisfactorios estos ensayos.

Los demás resultados de mis observaciones son los siguientes :

Salta	24°	47′	9″
Cafayate	28	5	0
Rosario de la Frontera...................	25	48	3
Los Horcones Hectom. 1545 de la prolong. del F. C. C. N.,......................	25	42	2

Las latitudes de estos lugares no se habian determinado ántes ó por lo ménos no ha llegado á mi conocimiento, á no ser la de Salta que lo fué por el malogrado viajero francés, Dr. CREVAUX que encontro la latitud de esa ciudad igual á 24° 46′ 2″. En los mapas, la latitud de Cafayate es muy diferente de la que he encontrado; sin embargo, estoy persuadido de que mis resultados merecen ser tomados en cuenta, miéntras no se hagan determinaciones con mejores instrumentos y por lo tanto mas precisas.

Durante el mes de Febrero de 1884 he tambien determinado con un teodolito la declinacion de la brújula en Rosario de la Frontera. Siento que la lectura de los ángulos del límlo en la cual se movia la brújula ofrecia tantas dificultades. Como promedio he encontrado la declinacion igual á 11°6 al Este.

[illegible] 1884.

INFORME

SOBRE LAS

OBSERVACIONES DEL PASO DE VENUS

PRACTICADAS POR LA COMISION ASTRONÓMICA ALEMANA
EN BAHIA BLANCA

Por BRUNO PETER

Observador 1° del Observatorio Astronómico en Lipsia

(Escrito para el *Boletin de la Academia Nacional de Ciencias de Córdoba*

El Gobierno del Imperio Aleman organizó cuatro expediciones, para la observacion del paso de Venus por el disco solar, que debia tener lugar el 6 de Diciembre de 1882.

Al efecto formó una Comision especial, nombrando jefe de ella al profesor AUWERS en Berlin, la cual, desde bastante tiempo atrás, se ocupaba en acumular los datos mas ámplios, para lograr lo mejor posible el estudio de un fenómeno tan interesante para la Astronomia.

La eleccion de las estaciones, para la observacion, correspondientes á las diferentes Comisiones, fué objeto de un estudio serio.

Era preciso llenar dos condiciones: en primer lugar, la estacion debia estar colocada, por su posicion geográfica, de modo que presentase el mayor movimiento paraláctico posible de Venus sobre el disco solar, de cuya estension debia deducirse la medida fundamental de la astronomia, y por otra parte, las condiciones del clima debian ofrecer la suficiente garantía, para que en el dia decisivo, el tiempo no perturbase los trabajos.

La misma naturaleza del fenómeno en cuestion, exijia la distribucion de las estaciones, acomodándolas proporcionalmente para ambos hemisferios, con el objeto de conseguir las observaciones del movimiento paraláctico de los lados opuestos.

Poca dificultad ofrecia la eleccion de los dos sitios en el hemisfero ártico, presentando el territorio de América del Norte una serie de sitios convenientes. Fueron elejidos para estaciones del Norte, Hartford en Connecticut, y Aiken en Carolina meridional, de las cuales se podia esperar con alguna seguridad el buen éxito de la empresa.

Para las estaciones meridionales era menester elijir un lugar situado lo mas cercano posible de la zona antártica, por ofrecer estos lugares condiciones mas favorables, para aprovechar la aparicion de ese fenómeno cuya observacion debia servir para resolver la determinacion de la paralaje solar.

Prescindiendo de las condiciones del clima siempre menos favorables mientras es mayor su aproximacion á esa zona, era preciso tomar en consideracion para la eleccion de esas estaciones, los medios de trasporte disponibles, contando la Comision solamente con las lineas de vapores ya establecidas, no teniendo esta vez buques especiales a sus ordenes, como se le habia facilitado en 1874.

Era preciso decidirse entre dos lugares: ó las islas Malvinas, o algun sitio en el estrecho de Magallanes, y despues de haberse informado la Comision con toda prolijidad, resolvio establecer el observatorio en Punta Arenas situado en el Estrecho de Magallanes.

Este lugar, considerado nuevamente bajo el punto de vista

astronómico, satisfacia perfectamente á todas las exijencias y habia probalidades que el tiempo en Punta Arenas permitiese la observacion de una parte considerable del paso: sin embargo, era indispensable encontrar un sitio para la estacion meridional restante, que por su posicion meteorológica ofreciere garantías para el buen éxito de los trabajos en cuestion y tambien para conseguir en todo caso observaciones correspondientes en el continente meridional, tomando en cuenta el éxito tal vez dudoso, de las observaciones por hacer en Punta Arenas.

Principalmente apoyado en las observaciones meteorológicas, hechas por el Sr. Caronti, recien publicadas por el profesor Sr. Gould, se elijió Bahia Blanca en la República Argentina.

Aunque el movimiento paraláctico es de poca estension por una parte del paso, á lo ménos en este sitio, fundándose en las observaciones meteorológicas citadas, se podia esperar con casi absoluta seguridad, que fuera posible efectuar las observaciones en Bahia Blanca con buen éxito, sino durante toda la duracion del paso, por lo menos en su mayor parte.

Haremos en seguida la relacion del resultado conseguido por la Comision astronómica Alemana enviada á Bahia Blanca.

La Comision destinada para las observaciones en Bahia Blanca estaba formada por los astrónomos Srs. Dr. Hartwig de Estrasburgo y Dr. B. Peter de Lipsia, el ayudante científico, estudiante W. Wislicenus de Estrasburgo, y por el ayudante mecánico H. Mayer, de Monaco, siendo jefe el Sr. Dr. Hartwig.

El dia 16 de Setiembre la Comision se embarcó en uno de los vapores de la línea Hamburgo–Buenos Aires en el *Petrópolis* y en 15 de Octubre, despues de un viaje normal, echó anclas en la rada de Buenos Aires.

Solamente dos dias duró nuestra estancia en la Capital de la República Argentina, embarcándonos ya en el alba del

... Octubre en *El Villarino*, para seguir nuestro viaje ... el Sur, al lugar destinado.

El equipaje de la Comision, componiéndose de cerca de setenta bultos se transbordó del vapor *Petrópolis*, directamente al *Villarino*, sin pasar por la aduana previa licencia del Gobierno Argentino, quien nos brindó las mas nobles atenciones en toda ocasion y nos envió, como huéspedes de la República á Bahia Blanca.

Aunque el tiempo estaba muy tempestuoso, llegamos á las 18 horas á la bahia, â cuyo extremo esta situada Bahia Blanca.

Despacio y sondeando continuamente, avanza el *Villarino* por el canal estrecho, proporcionándonos bastante tiempo para examinar desde la cubierta el paisaje. La vista de esta pampa vasta, desierta y poco ondulada no era muy consoladora: lo poco que se podia observar de Bahia Blanca desde nuestro vapor, estaba envuelto hasta el suelo en densas nubes de arena y polvo. Otros pasajeros, conocedores del paraje, nos informaron que en Bahia Blanca durante esta estacion, las tempestades de arena eran muy frecuentes: perspectiva poco halagüeña para nuestro estudio científico.

El *Villarino* ancló cerca de los pontones, destinados para el embarco y desembarco de toda mercaderia que llega ó sale, no pudiendo seguir su camino mas adelante por la poca profundidad del agua.

A las 3 de la tarde nos embarcamos en el vaporcito perteneciente al aparejo del *Villarino*, llevando cuatro cronómetros y algun equipaje de mano para desembarcarnos en el verdadero puerto.

No puedo guardar recuerdos agradables de este desembarco, recibiéndonos á nuestra llegada al piso firme de la República, ya de noche oscura, una borrasca de piedras, lluvia y descargas eléctricas, violentas pasando por todas las fatigas posibles.

La primera diligencia fué buscar un sitio á propósito para practicar nuestras observaciones, y nos ocupábamos desde el primer dia de nuestra llegada de este objeto, ayudados lo mejor posible por el Sr. Caronti.

Lo mas conveniente habría sido probablemente establecernos al Norte de Bahia Blanca, encima de una de estas eminencias, producidas por las ondulaciones que presenta el terreno: pero sin tomar en consideracion el difícil trasporte de nuestro equipaje tan voluminoso, no era prudente alejarnos demasiado de Bahia Blanca, siendo uno de nuestros problemas determinar por telégrafo la diferencia de longitud entre nuestro observatorio, el de Montevideo y el de Patagones.

Encontramos al fin un sitio, muy á propósito para nuestros deseos, en la chacra del Sr. Pronzati, situada á cerca de una legua, al poniente del pueblo. A mas, esta chacra dista solamente algunos centenares de metros del hilo telegráfico para Patagones, así que habia posibilidad de comunicarnos directamente desde nuestro observatorio con Montevideo y evitando así el trasporte delicado y trabajoso de los cronómetros á la estacion del telégrafo en Bahia Blanca, siempre que el Gobierno Argentino nos facultase para establecer en la chacra una estacion temporal, comunicada con esta linea.

Por este motivo nos decidimos á establecer nuestra estacion en la chacra de Pronzati y se hizo acto continuo la solicitud al Gobierno de la República para que nos concediese licencia de colocar un hilo en comunicacion con nuestro observatorio durante el tiempo preciso para la determinacion telegráfica de la longitud.

El Gobierno correspondió inmediatamente á nuestro pedido con la mayor condescendencia, dando órden de construir desde luego una oficina telegráfica provisoria en la chacra de Pronzati.

Ahora se podia principiar á armar nuestras casas de fierro para observatorio, las que habiamos traido desarmadas de Europa.

El tiempo nos era sumamente desfavorable, por lo que nos

demoramos mucho en este trabajo. Se habia levantado un fuerte pampero que dejó sin efecto el trabajo de desembarcar nuestros cajones del ponton.

Despues de varios dias así perdidos sin poderlos aprovechar, pudimos al fin lograr el trasporte á su destino de todo el material perteneciente á la Comision.

Durante nuestra permanencia en Bahia Blanca se habia tomado ya por medio del círculo de reflexion la altura del sol, para informarnos del estado de nuestros cronómetros.

Tan pronto nos fué posible, procedimos á la determinacion del meridiano en el terreno señalado para la construccion de nuestro observatorio y situado al poniente de la chacra, para orientar la posicion de los edificios, dejando marcado el circuito exterior de ellos.

Nuestro observatorio astronómico se componia de dos torres de fierro, cuya parte superior podia jirar sobre un eje vertical y á mas de un corredor, colocado entre estos y provisto de dos aberturas en direccion del meridiano.

En este corredor debia montarse el instrumento de tránsito y el instrumento universal, mientras que la torre que mira al Naciente debia servir para el heliómetro y la que está al Poniente para acomodar un refractor de seis piés.

La parte inferior é inmovil de las torres, como tambien las paredes del corredor estaban construidas con planchas fuertes de fierro hasta la altura de un hombre, y todos bien unidas por medio de tornillos y clavos.

Las bovedas jiratorias y el techo de la galeria se formaron de un esqueleto de barras de fierro forjado, bien unidos entre si con tornillos. El vacio que habia quedado entre ellas se lleno con un tejido de cintas de fierro y á mas se cubrió, tanto las bovedas, jiratorias como la galeria con lona fuerte bien empapada de aceite y pintada de blanco.

Las aberturas de las torres podian abrirse y cerrarse desde el interior por medio de cuerdas.

montaje de estos edificios nos costó muchisímo trabajo, ıe era indispensable trabajar personalmente por falta de ırios idóneos, siendo nuestro deseo conclnir lo mas o posible los edificios para dar principio á nuestras ·vacio nes.

mpestades y lluvias nos obligaron muchas veces á aban- · nuestra tarea, amenazando destruir lo que con tanto jo acabábamos de colocar.

era de estas sólidas construcciones de fierro, habiamos tado en una planicie de cespedes al Norte de la torre oniente una casita, cuyas paredes eran formadas de ınas de madera, destinada para los instrumentos mete-gicos.

Norte de la torre con el heliómetro y trazado sobre el liano del mismo se construyó un edificio de madera, que servir para la colocacion de un colimador para el he-ıtro, siendo de suma importancia conservar en el inte-de este edificio durante largos espacios de tiempo una eratura la mas constante posible.

do el terreno ocupado fué cercado con alambre de fierro, asegurarse contra los animales que pastean libremente pampa.

stante dificultades nos presentó la construccion de pi-ıs bien aislados para colocar encima de ellos los ins-entos. El único material disponible eran ladrillos de ıd inferior para garantir lo suficiente la solidez. Ca-ɔ los cimientos para ellos encontrabamos ya á la hondura edio metro un piso firme, que no nos permitia profundi-ıas los trabajos. Así era inevitable que los sacudimien-casionados por el jiro de las torres, atravesando algunas ı la capa delgada de tierra, se comunicaban á los pilas-produciendo perturbaciones.

n éxito completo pudimos conseguir aislar los pilastros ıcto al observador mismo, haciendo pisos de madera, separados de ellos, que sin tocar directamente el suelo, estaban asegurados en la misma construccion de fierro del observatorio.

Miéntras los astronómos de casi todas las demás naciones se habian propuesto como problema principal observar los contactos, quiero decir, la entrada y salida de Venus en el disco solar, en 1874 los astrónomos alemanes sacaron mucho mas provecho del fenómeno. No limitándose á la observacion de los contactos, que seria posible no podria lograrse en caso de tiempo desfavorable, presentándose visible la otra fase del fenómeno, y siendo además la observacion dificultada por fenómenos secundarios, que las más veces son originados por un velo denso, nuestros astrónomos hicieron mediciones durante toda la duracion del paso, para asegurar la posicion de Venus delante del disco solar.

Para la ejecucion de estas observaciones se sirvieron ya en 1874 del heliómetro, tal vez el aparato mas delicado para mediciones en aquella época.

Por analogía, las cuatro Comisiones alemanas fueron armadas en 1882 con heliómetros idénticos del sistema Frauenhofer, que tenian una abertura libre de tres y media pulgadas y en cuyo manejo cuidadoso el personal científico de todas las comisiones se habia adiestrado en Estrasburgo, Berlin y Potsdam. Por esta disposicion se podia alcanzar una perfecta uniformidad en el modo de practicar las observaciones.

Como lo hemos referido, fué colocado nuestro heliómetro en la torre del poniente, sobre un pilastre de forma triangular, acerca de medio metro de altura y construido de ladrillos.

Siendo movible la parte del aparato que marca la altura del polo y los demás tornillos para la correccion de fácil acceso, pudimos ya en la primera noche despejada orientar en poco tiempo el instrumento y principiar con las mensuraciones indispensables para obtener los datos fundamentales para su precision, de los cuales daremos cuenta mas adelante.

En la torre del poniente encontró su colocacion un refractor láctico de un foco de seis piés, que debia prestar sus icios para dos objetos: para la observacion del contacto mbien para efectuar las observaciones de todas ocultaes de estrellas que tubieren lugar, observaciones que an servir para la deduccion de la longitud de los sitios bservaciones.

)n este objeto se habia formado ya durante nuestro viaje l vapor un compendio de los catálogos, comprendiendo osiciones de todas las estrellas, hasta las de novena magd, que durante nuestra permanencia podian ser ocultadas la luna, y se habian hecho los cálculos para conocer aproadamente el tiempo de entrada y salida, como tambien ingulos correspondientes de sus posiciones.

ı division de los limbos del instrumento facilitaba además bservacion de estrellas aun desconocidas que fuesen ladas y cuya identificacion era fácil.

ı efecto, un observador debia examinar, durante los inilos entre las demás observaciones, la cercania de la luna, descubrir estrellas próximas á su ocultacion.

nuestro pesar, no correspondia el resultado á nuestras ranzas, por no poder lograr, á causa del firmamento ado, la mayor parte de estos fenómenos.

ı la galeria situada entre las dos torres giratorias estaba :ado encima de la columna al Poniente un instrumento ránsito de Pistor y Martins con telescopio angular, para itar la determinacion regular del tiempo.

ıllándonos en posesion de un registro bastante completo ıs estrellas polares meridionales, pudimos limitarnos á rvar las estrellas de reloj y polares en el meridiano.

ır desgracia la declinacion de los instrumentos era poco tante, principalmente en el primer tiempo de nuestra ıanencia, así que nos vimos obligados á nivelar frecuennte los ejes horizontales.

ı el Meridiano del instrumento de tránsito levantamos señal meridional formada de una tabla negra con rayas blancas. Las ondulaciones del terreno nos obligaron á colocar esta mira á distancia de algunas leguas en direccion al Norte, por cuyo motivo se debia prescindir de iluminarla para las observaciones durante la noche y se la empleaba principalmente para correjir con prontitud y exactitud el instrumento de tránsito, y el instrumento universal, siempre, cuando nos vimos obligados á sacarlos de sus sitios para limpiarlos de la arena fina introducida por la fuerza de las borrascas en la guarnicion de los aparatos.

Encima de la columna oriental se colocó un gran instrumento universal con telescopio angular de Repsold.

Este debia servir tanto como instrumento de observacion para obtener las culminaciones de la luna observadas símultáneamente por dos instrumentos, como tambien para la mensuracion de las alturas circunmeridionales de las estrellas, á fin de averiguar la latitud geográfica de nuestro observatorio.

Por desgracia no podia servirnos para este último objeto, habiendo recibido probablemente en el transbordo un golpe fuerte y no encontrándonos con los recursos necesarios para componer este defecto.

Llevábamos ademas un segundo refractor montado paralácticamente de un foco de seis piés, destinado para un segundo observador, y tambien para las observaciones de contacto ó de las estrellas; pero este aparato no estando asegurado de una manera estable fué acomodado con su pié encima de unos rodillos movibles.

Se habia desistido de ocupar el heliómetro para las observaciones de contactos para no esponer sin necesidad este instrumento á los rayos del sol.

Un tercer telescopio con su lente algo mas grande que el heliómetro y colocado fijo en la casita construida para este objeto, nos sirvió como colimador para el heliómetro.

En la casita, para las observaciones meteorológicas, se encontraban los termómetros máxima y mínima, psycrómetro

El intérvalo de tiempo, una vez acabada la construccion de nuestro observatorio, como tambien la colocacion y rectificacion exactas de nuestros aparatos, no fué dedicado de ninguna manera à la ociosidad, sinó que los trabajos que era preciso ejecutar en estos aparatos y los que debian hacerse valiéndose de ellos, teniendo relaciones directas con el paso, reclamaron toda nuestra atencion.

Aunque todos los instrumentos y especialmente el heliómetro habian sido revisados con toda prolijidad antes de nuestra partida, determinando sus constantes y que habria que hacer una revisacion análoga á nuestra vuelta, sin embargo era indispensable continuar examinando perfectamente y con independencia los aparatos durante nuestra permanencia en la estacion, debiendo ellos suministrarnos el material suficiente para la determinacion estricta del paso.

Era indispensable hacer tales revisiones en el lugar de la observacion, pudiendo perderse alguno de los aparatos, o ser destruido de modo que cualquiera comprobacion de su estado, durante el tiempo de las observaciones, nos hubiera sido imposible.

La determinacion matemáticamente exacta de la longitud de nuestro observatorio fue uno de nuestros principales problemas, exijiendo de nosotros no solamente la mas pronta determinacion absoluta de nuestro observatario, sinó que tuvimos que buscar tambien la diferencia con la de Montevideo, valiendonos al efecto del telégrafo. En esta ciudad nos aguardaba parte de la Comision, destinada para Punta Arenas, con el objeto de hacer las observaciones correspondientes y lo mismo con la de Patagones, sobre el rio Negro, donde se habia establecido una Comision francesa.

Por medio de las observaciones de las ocultaciones de estrellas fijas por la luna y observaciones de culminaciones de la misma se adoptó la determinacion absoluta.

Esta observacion se efectuó, trabajando los dos astronomos simultaneamente con el aparato de transito y el instrumento universal, sirviéndose de los mismos cronómetros y de modo que los observadores cambiaban de aparatos, tratando que cada uno de ellos consiguiera con el mismo aparato culminaciones las mas idénticas posibles sobre los dos bordes.

De la obra «Verzeichniss der Vierteljahrsschrift» se tomaron las estrellas de comparacion y á mas se incluyeron, en los casos dables, las estrellas zenitales, teniendo el mayor cuidado para la determinacion exacta del azimut, de la inclinacion y colimacion.

Mucho nos favorecia la suerte en la observacion de las culminaciones lunares, logrando observar cerca de diez y seis completas, distribuidas proporcionalmente sobre ambos bordes.

Varias de estas observaciones lograron hacerse durante unos vacios lúcidos locales, quedando todo lo demás del firmamento oscurecido por densas nubes é iluminado sin cesar por relámpagos.

Nos ocupamos todo el tiempo hasta las vísperas de levantar nuestro observatorio con la observacion de ocultaciones de estrellas y culminaciones de la luna; mientras que la determinacion telegráfica de la diferencia de longitud con Montevideo y Patagones se efectuó en los primeros dias, despues de la colocacion de nuestro observatorio.

Desde Montevideo nos comunicaron que nuestros cólegas habian llegado en Punta Arenas, provistos de doce cronómetros y que estaban prontos á cambiar señales con nosotros.

Nuestras instrucciones designaban cuatro noches para este objeto, tiempo indispensable, pero suficiente, para eliminar en el resultado final todos los errores constantes personales.

Colocado el aparato telegráfico en nuestro despacho, fué trasmitida la correspondencia por el Sr. Ipola, Inspector de telégrafos, que nos acompañó durante todo el tiempo empleado en las operaciones.

En la primera noche dí, durante un espacio de tiempo convenido, cada diez segundos la señal telegráfica, observando un cronómetro arreglado al tiempo medio y para obtener puntos de partida seguros, dí la señal recien en el primer segundo y no al principio el minuto, para evitar la pérdida de las primeras ó últimas señales, por perturbaciones casuales.

Estas señales fueron recibidas en Montevideo por un astrónomo, que se servia de un cronómetro arreglado al tiempo sideral.

El Dr. Hartwig apuntó al mismo tiempo las mismas señales, valiéndose del cronómetro arreglado al tiempo sideral y se tomó la precaucion de colocar los aparatos de modo que él no podia sentir los golpes de mi cronómetro, sinó solamente los de la tecla, es decir, las señales realmente dadas por mí.

Otro observador, en Montevideo, armado tambien de un cronómetro arreglado al tiempo medio, dió la misma série de señales, que fueron recibidas de lo misma manera en Bahia Blanca y Montevideo segun tiempo sideral. Pasado un corto intérvalo, llegaron otra vez señales de Montevideo las que nosotros trasmitimos en seguida de nuevo para Montevideo, y fueron estas registradas en ambas estaciones al tiempo sideral.

Los cronómetros que habian servido, fueron comparados antes despues del cambio de señales, con el Hohwü y fueron además cotejados varias veces entre sí durante los intérvalos.

Antes y despues de la llamada para hacer funcionar el telégrafo, se practicaron en ambas estaciones determinaciones exactas del tiempo, para marcar con exactitud la hora y el andar del reloj.

Estas observaciones, que segun la instruccion eran muy sencillas, para hacerlas en poco tiempo exijieron una gran atencion y bastante tiempo.

en el primer dia destinado á cambiar señales, no se conseguir, que el telégrafo trabajase permanente-, por causa de las inmensas descargas eléctricas y tades tan generales en aquella época.

esar de tan variados obstáculos é interrupciones, que ligaron muchas veces emplear seis y hasta ocho horas, oncluir una sola operacion, que, en circunstancias les, podia hacerse en una hora, y sin podernos ausentar momento del aparato: sin embargo conseguimos un esultado de todos los cambios de señales durante los dias destinados á este objeto, y pudimos considerar xacta la comunicacion de la longitud de nuestra estan la de Montevideo que ya estaba bien determinada. ménos dificultades y ménos pérdida de tiempo se hilas observaciones análogas con Patagones, no siendo rio ocupar para estas el cable submarino.

vez colocado fijo el heliómetro en su posicion, prinos las observaciones regulares en él; las que consise dia principalmente, en medir el diámetro del sol y, e la noche, en observar distancias de estrellas.

ndo el tiempo y los otros trabajos lo permitian, no de los astrónomos y el ayudante científico tomaron etro del sol en dos ángulos de posicion diferentes y as posiciones tanto eje adelante como eje atrás.

ba convenido, con objeto de arreglar el material ciene las diferentes Comisiones para que su comparacion fácil, hacer las observaciones en los dias de fecha l mes, en la mañana, con relacion al diámetro 30°, 60° tarde de 120°, 150°; y en los dias de fecha impar á la a con relacion á 0°.45° y á la tarde á 90° y 135°.

iempo completamente favorable, cada uno de los tres adores podia concluir diariamente ocho mediciones metro del sol, componiéndose cada una de ellas de servaciones en ambas posiciones de las mitades del

Con estas mediciones se comprobaba tan frecuentemente los aparatos, como también se acumulaba el material necesario para formar las relaciones entre los observadores individualmente, y para cada uno de ellos se deducía el diámetro verdadero del sol para el correspondiente aparato, con el cual debía hacerse la reducción de las observaciones de tránsito.

Los heliómetros viejos de Fraunhofer, que habían servido a la [illegible] que fué enviada en 1874, habían sufrido una modificación por Repsold, la que consistía en la manera [illegible] cada uno de las mitades del objetivo separadamente, por medio de un tornillo, sin que ambas mitades se movían simultáneamente por el mismo tornillo, estando comunicadas entre sí por medio de una palanca, formando valores iguales en sentido opuesto y en relación simétrica al eje del telescopio.

El valor de este movimiento se determinaba antes por la cantidad de vueltas del tornillo—medida de estas mitades. Recientemente se habían fijado a la parte inferior del objetivo escalas graduadas de plata, cuya posición relativa se podía observar cada vez por un microscopio de tornillo, con el fin de obtener directamente el movimiento de las mitades del objetivo en dirección recta.

[illegible] cada uno de los observadores trabajaba independientemente y anotaba él mismo las observaciones hechas con el microscopio; pero para ganar tiempo y para aliviar los trabajos, se encargó más tarde a [illegible] competente solo esta tarea. [illegible] entonces el observador necesitaba de manejar el ocular y [illegible] la atención [illegible].

Se esperaba [illegible] del sol solamente durante el tiempo indispensable para poner los bordes del sol en contacto.

Una pantalla de lona acomodada entre las aberturas de la [illegible] y de [illegible] madera por medio de unas cuerdas, preservaba el aparato de la inmediata radiación del sol.

Las observaciones del termómetro metálico, que estaba acomodado en uno de los pestillos del objetivo, fueron hechas con ciertos intérvalos, simultáneamente con un termómetro á mercurio, colocado al aire libre, y nos sirvieron de norma para apreciar la temperatura del tubo.

Por este motivo no se podian reducir las mediciones en combinacion con los apuntes de la posicion del ocular á 0° respecto al punto 0 del termómetro metálico.

Las mediciones de las distancias de estrellas nos sirvieron principalmente para determinar y comprobar el valor de una division de la escala. Al efecto se habia elejido para la estacion del Sud arcos en *Grus* é *Hydra* formados de seis estrellas, y un arco de cinco estrellas en *Eridanus*.

Cada uno de los observadores debia tomar á mas las distancias de 17 y 27 *Tauri* con *y Tauri*, para deducir de estas observaciones de las Pleyadas la ecuacion del heliómetro para las distancias de las estrellas, y para cada uno los observadores.

Para las determinaciones focales del heliómetro, nos valiamos durante la noche, principalmente de *α Piscium* y, de dia, se hicieron con *α Crucis* y *α Centauri*, determinando el punto mas claro de la imágen, alargando ó acortando la parte movediza del ocular.

En cada operacion se observó simultáneamente el termómetro metálico, para alcanzar así una relacion segura entre los apuntes del último y la variacion del foco producida por la influencia del calor.

Cada uno de los observadores debia hacer tales observaciones en mayor número posible, durante muchas noches y, si el tiempo lo permitia, en cada una de las mitades del objetivo.

Para comprobar tambien, durante las observaciones del paso, la correspondiente posicion del foco, se habia ordenado poner al foco la retícula del colimador.

A este objeto servia un telescopio, armado en su parte

[illegible] en la visita del [illegible] de la radiación directa y [illegible] temperatura, [illegible] no podía variar sino [illegible]

[illegible] Tratándose de [illegible] temperaturas de más dife- [illegible] también [illegible]

[illegible]

a polar inmediatas al meridiano en ambas posiciones del
.

Para determinar la distancia de los centros de los objetivos
lcanzar al mismo tiempo ocultar lo mas posible las imá-
ies, se hicieron mediciones á distancias, lo mas reducidas,
las cuales este valor tiene la mayor influencia sobre el
ultado de las mediciones.

A este fin se observó distancias del trapezio de *Orion* con
estrellas dobles *α Crucis* y *α Centauri*, pero principal-
nte se midió, á medio dia, la distancia entre los cuernos
Venus, debiendo estas observaciones ejecutarse bajo
nticas circunstancias y ángulos de posicion que debian
sentarse en la observacion del paso.

untas á estas varias operaciones, siguieron todavia las
erminaciones regulares del tiempo y otras de la altura
polo, midiendo con este objeto distancias zenita-
circunmeridianas de estrellas setentrionales y meri-
nales, tanto como lo permitia todavia el estado defectuoso
instrumento universal.

Las noches muy cubiertas se dedicaron á ejercicios con el
delo de contacto, para adiestrar á los astrónomos en la ob-
vacion del contacto de los bordes con el instrumento,
que cada uno debia trabajar y lo mismo formar la ecua-
n personal, ocasionada por la formacion de gotas.

omo el modelo estaba colocado á la distancia de 250 metros
observatorio y el tiempo raras veces tan sereno para que
liera hablarse á tal distancia, se dieron señales al ayu-
te que manejaba la manija por medio de faroles de dis-
tos colores.

i el tiempo nos hubiese favorecido en algo, se habria po-
o hasta el tiempo del paso, reunir un material conside-
le de observaciones, pero á pesar nuestro, el resultado
correspondia á nuestras esperanzas.

unque raras veces sucedió que uno ó mas dias seguidos se
sentasen completamente cubiertos, sin permitir aunque

fuera por un corto rato hacer observaciones, las imágenes del sol y de las estrellas fijas se mostraron las demas veces tan agitadas y apagadas que era absolutamente imposible hacer una observacion con el heliometro.

La causa principal de este fenómeno era probablemente la fuerte radiacion del piso de la pampa, hecho ascua por los rayos solares.

A poca altura se podia observar á veces á simple vista las ondulaciones de los bordes del sol; el horizonte mismo se presentaba casi diariamente á la mar en fuerte agitacion, de manera que á menudo no se podia distinguir el nivel de [illegible] con el telescopio.

[illegible] podian [illegible] de las imágenes.

[illegible]

[illegible] de estrellas.

[illegible]

[illegible]

[illegible] la primera noche [illegible]

imposible su uso, pórque no quedaba ardiendo ni diez minutor seguidos, sin interrupcion. Así nos vimos obligados á alumbrar las escalas con una lámpara portátil, siendo este un gran perjuicio para la comodidad de la lectura.

El estado sanitario de los miembros de la Comision tampoco era siempre satisfactorio, tanto por las variaciones fuertes y repentinas de la temperatura, como tambien por la agitacion nerviosa que nos causó este tiempo tan inconstante y completamente incalculable.

En cumplimiento de nuestras instrucciones recibidas, se dió principio, varios dias antes del paso, á hacer ejercicios, para adiestrarnos en las operaciones que debian hacerse durante el paso, así es que salimos completamente amaestrados, sin que pudiera temerse la menor duda ó trepidacion alguna respecto de la marcha de las distintas maniobras, durante la observacion.

Tambien nos servian estos ejercicios prácticos para formar un sistema exacto y uniforme en los trabajos entre los empleados que estaban ocupados juntos en las observaciones.

Existian en nuestro poder efemérides, calculadas de antemano por nosotros, de las cuales se podia tomar la distancia de *Venus* del centro del disco solar, en cada momento, durante su paso é igualmente el ángulo de posicion de *Venus* en relacion al Sol.

Se debian medir directamente las distancias de los bordes de *Venus* y del Sol y esto en ángulos de posicion aproximados lo mas posible á los ángulos observados en el correspondiente momento, los que se debian tomar de las referidas efemérides.

Nuestra instruccion nos ordenaba lo siguiente: estando variable el tiempo, se observará la distancia de ambos bordes de *Venus* por separado, del borde mas próximo y mas distante de sol; estando el tiempo seguro, se intercalará una distancia en la otra.

En el último caso se formaria una série completa de

observaciones que resultaria la distancia entre el c[illegible] Venus y ambos bordes del Sol, siendo esta seri[illegible] puesta de diez y seis mediciones independientes, cu[illegible] ocasion siempre quedaba algo complicada.

Para hacer estos ejercicios preparatorios, nos hab[illegible] visto de un modelo.

Los dias serenos que precedian al del paso y la c[illegible] tancia, que justamente en esta época apareció una [illegible] redonda y bien marcada sobre el Sol, nos permitian [illegible] estos ejercicios directamente en el cielo, en circuns[illegible] completamente análogas, representando aquella [illegible] Venus.

Sacando el mayor provecho de esta circunstancia fa[illegible] pronto logramos acostumbrarnos á todas las operaci[illegible] podiamos esperar el paso completamente tranquilos.

Algunos dias antes del paso, el tiempo tomó un c[illegible] sereno y constante y parecia que se podia esperar un [illegible] bueno y constante durante alguna temporada.

Nuestra esperanza de tener un tiempo favorable p[illegible] de Diciembre fué algo burlada, porque al 4 de Dici[illegible] ya en vísperas del paso, se cubrió otra vez de [illegible] el cielo de nubes.

Recien el 5 de Diciembre por la tarde, traspasó el [illegible] nubes, pero ya cerca de su entrada y siendo su posi[illegible] baja, que no se podia medir su diametro.

El dia precedente al del paso fué destinado á la r[illegible] y limpieza del heliómetro en las partes, que no eran [illegible] desarmar; se sometieron todas estas partes á una e[illegible] revision para que funcionasen con perfeccion.

En la noche siguiente no hicimos mas que una [illegible] vacion del tiempo, y el resto fué dedicado al [illegible] para encontrarnos bien dispuestos para la observa[illegible] paso.

El dia esperado desde tanto tiempo y que debia [illegible] nuestras esperanzas, el 6 de Diciembre, para cuyo [illegible] cion habiamos hecho el viaje de Europa amaneció, ofreciendonos poco consuelo.

El Sol, que poco despues de su salida habia sido visible por algunos momentos, á través de stratus, se cubrió pronto completamente de densas nubes de color gris y parecia quedarnos poca esperanza para el éxito de nuestra empresa.

Principiaron á caer algunas gotas gruesas, las que pronto fueron seguidas por otras. Sin embargo todo esto no nos impedia hacer los preparativos necesarios para la observacion del fenómeno.

Los astrónomos compararon todos los cronómetros independientemente el uno del otro y se midió, conforme á lo ordenado en la instruccion, una division de un décimo en ambas escalas del heliómetro tomando en el mismo momento apuntes de los termómetros metálicos, obteniendo así una exacta terminacion de los «*runs*» del microscopio.

En seguida, cada uno ocupó su puesto en el telescopio para la observacion de los contactos, para el caso en que el Sol se mostrase todavia á buena hora á través de las nubes.

Wislicenus habia colocado á este fin el instrumento universal sobre un pilastro afuera del observatorio, quedando los dos telescopios de seis piés á disposicion de Hartwig y á la mia.

Cerca de diez minutos antes del primer contacto exterior, segun nuestro cálculo, el Sol traspasó realmente de repente las nubes.

La observacion de este contacto, que sin embargo es de inferior importancia, se alcanzó á hacer con el mejor éxito.

La impresion, producida sobre el borde del Sol por la imágen negra de *Venus*, se hizo progresivamente mas clara y, aumentando su volúmen, entró una parte de *Venus* en el disco del Sol.

Ninguno de los observadores logró descubrir á *Venus* antes del contacto exterior fuera del disco del Sol, lo mismo que en 1874, aunque conocimos exactamente el punto por donde debia entrar.

En el intérvalo del contacto interior y exterior los tres observadores dirijian la visual al colimador y pusieron al foco la escala ocular del heliómetro, considerando especialmente la diferencia de acomodacion entre los distintos observadores, de conformidad con los números deducidos.

Mucho ántes que debiera tener lugar, segun nuestro cálculo, el contacto interior, cada uno de los observadores ocupaba otra vez su puesto en su telescopio; pero sin lograr el éxito deseado.

Cerca de un minuto ántes del tiempo calculado del contacto desapareció el Sol oculto entre densas nubes, para volver á aparecer recien cuando *Venus* ya habia entrado, y avanzado una distancia considerable sobre el disco del Sol.

Instantáneamente resaltó á la vista un anillo ó circuito de color azulado, producido por la atmósfera de *Venus* que se extendia simétricamente al rededor del disco negro de *Venus* y que probablemente habria ocasionado sérias dificultades á la observacion exacta del contacto interior.

Segun la instruccion, se debia haber medido con el heliómetro, inmediatamente despues del contacto interior, el diámetro de *Venus* en dos direcciones perpendiculares entre sí. Pero á causa del nublado que se habia formado, el tiempo ya estaba tan avanzado que nos vimos obligados á proceder inmediatamente á la medicion de la distancia entre los puntos centrales de *Venus* y del Sol.

Durante la primera série Hartwig dirijió la visual y señaló el momento, que fué anotado por Wislicenus del cronómetro hasta la exactitud de 0,3ˢ.

El mismo grito servia de señal para mí, para apuntar la marcacion de las dos escalas del microscopio y al mismo la posicion del arco por medio del vernier.

Comunicaba estos números en alta voz á Wislicenus, que los rejistraba junto con las observaciones de Hartwig

la calidad de las imágenes, etc. en formularios prepa-
de antemano.

omodado en seguida el arco sobre el número próximo, do por WISLICENUS de las Efemérides, se daba prin- á la medicion siguiente.

ncluida una série, los observadores cambiaron sus tos, de manera que cada uno de ellos se ocupaba sucesi- nte en el ocular, en el microscopio y en el cronómetro. YER estaba encargado de abrir ó cerrar la pantalla ante- al ocular, al grito del observador respectivo.

principio como al fin de cada série, se tomaron apun- lel termómetro metálico, aneroide y termómetro de urio; así mismo fué cotejada la escala del ocular.

ra la primera série era preciso seguir la disposicion « tiempo variable » y observar las distancias de ambos es del Sol separadamente, siendo interrumpidas frecuen- nte las mediciones durante espacios prolongados, por s y hasta por lluvia algunas veces.

1 embargo, la exactitud y estabilidad de las imágenes, excepcion de unos momentos aislados, estaban bastante factorias.

ra la segunda série ya se podia seguir la disposicion para mpo estable», disipándose poco á poco las nubes y ocul- o solo pasageramente una nubecita al Sol.

se habia alcanzado á hacer varias sérias de observa- s, cuando se levantó un viento fuerte que impulsaba s nuevas, las que descargaron sobre nosotros una llu- ierte y contínua.

1 embargo, no perdimos todavia la esperanza de poder lelante observar una parte considerable del paso.

irante este intérvalo prolongado dimos vuelta los teles- s, para dirijir la visual, en esta posicion nueva, sobre limador.

ra vez se disiparon las nubes y apareció de nuevo el permitiéndonos la ejecucion de otras mediciones de distancias; así que nos fué posible conseguir por todo, siete séries de observacion completas.

Como otra vez subieron nubes de tiempo en tiempo, y el resultado de una octava série completa, parecia muy problemático, Hartwig ocupó los momentos restantes favorables para hacer una medicion del diámetro de *Venus* en dos direcciones perpendiculares entre sí.

Entre tanto *Venus* se habia acercado tanto otra vez al borde del Sol, que nos vimos obligados á volver á nuestro telescopios para observar su salida.

A pesar nuestro se perdió tambien el segundo contacto interior por el nublado, y logramos solamente observar el contacto geométrico, muy próximo á este pero de poca importancia, en el cual la gota entre *Venus* y el borde del Sol ya habia alcanzado un grosor considerable.

Durante su salida se podia seguir observando por largo tiempo la parte del disco de *Venus*, que ya estaba fuera del sol, por la atmósfera luminosa que le rodeaba.

Preparándonos á dirigir otra vez la visual sobre el colimador, para observar el último contacto, el Sol se envolvió de nuevo en densas nubes y vino una fuerte lluvia que no cesó de caer durante horas. Así no podia efectuarse la medicion del diámetro del Sol inmediatamente ántes y despues del paso, como lo habia prescrito la instruccion.

Inmediatamente despues de haber concluido las observaciones, los dos astrónomos compararon otra vez todos los cronómetros que habian sido empleados, independientemente uno del otro.

Todavia nos faltaba para la comprobacion de los *runs* del microscopio medir otra vez la misma distancia de un décimo en ambas escalas y relacionar la diferencia de los verniers; pues para la observacion del paso habia servido solamente uno de ellos.

En seguida y antes que los observadores pudieran comunicarse las esperiencias hechas individualmente en el trascur-

le los fenómenos que acompañaban la observacion del tacto, cada uno de ellos depositaba por escrito, aunque nestro pesar poco habia que contar, lo que habia visto y ntregaron estas informaciones al Jefe de la Comision.

ecien entónces se podia dar por concluidos los trabajos se relacionaban directamente con la observacion del paso.

as nubes no nos permitieron hacer una observacion del ıpo, la que pudimos realizar recien al dia siguiente, así nos fué permitido entregarnos al descanso despues de fatigas del dia.

n la misma tarde se despachó á Berlin un telegrama en as que ántes habian sido convenidas, dando cuenta del o de nuestras observaciones.

eniendo en consideracion las circunstancias poco favo-es, pudimos estar completamente satisfechos del resul-alcanzado.

or el tiempo tan desfavorable una parte muy considerable paso habria quedado invisible para nosotros, por no po-la observar, pero sin embargo, pudimos estar contentos la claridad y exactitud de las imágenes durante todo el ipo.

i nos hubiere favorecido un tiempo sereno y permanente, ez se habria conseguido duplicar el número de mediciones, tambien la movibilidad y la oscuridad de las imagenes, otra parte, debian perjudicarlas considerablemente.

uestros cólegas franceses en Patagones nos mandaron de Diciembre un telegrama, comunicándonos que habian ado observar la mayor parte del paso.

oco despues, recibimos la noticia de Berlin, que nuestras ciones en Norte-América habian tambien alcanzado un n resultado, habiendo logrado hacer la de Hartford y la de Aiken tres séries de observaciones.

e Punta Arenas, en donde se hallaba el Presidente de la ision enviada por el Imperio aleman, el Profesor Au-s, pudo recien conseguir noticias mas tarde, por via

de Montevideo, porque no existia comunicacion tel
directa. La espedicion habia conseguido hacer nuev
completas de observaciones y solamente se habia
el primer contacto interior, por haber estado oc
nubes; resultado tanto mas favorable cuanto que las
ciones de la temperatura dieron bastante lugar para
que la empresa obtuviera un buen éxito.—

Todas las Comisiones alemanas han sido favorecid
vez, como sucedió en 1874, por el tiempo y alcanzar
un material de observaciones relativas á este
fenómeno, que debe ser de suma é inestimable imp
para la determinacion de la distancia entre la tierra y

Era preciso aprovechar lo mejor posible, el resto
tra permanencia en Bahia Blanca para la determina
las constantes geográficas de la estacion, y para la
comprobaciones ó rectificaciones que ya hemos d
trabajo del heliómetro.

Ademas nos faltaba hacer la comparacion prolija de
escalas del heliómetro en casi toda su estension, c
que no pudimos, por falta de tiempo, hacer antes del

Ocupados en estas tareas, pasó el tiempo hasta
y era preciso aprovechar bien esta época, favorabl
observaciones.

Despues de haber concluido, el 2[illegible] de Diciembre,
servaciones de las culminaciones de la luna y de la
todavia el instrumento de paso para la determinaci
latitud por medio de observaciones de paso de
en el primer vertical, era necesario preparar nuestra
tida.

El Gobierno Argentino habia puesto á nuestra disp
el Villarino, que tambien debia traer á los señor
Comision en Patagones, para conducirnos juntos á
Aires.

Los dias hasta su llegada se ocuparon completament
empaquetar nuestros aparatos y demas material q

·vido para las observaciones, hasta la parte que debia edarse en Bahia Blanca.

La soldadura de los cajones de plomo nos costó mas tiem- del que se habia calculado, así que fué una suerte que *Villarino* anclase despues del término fijado, por no ler pasar ántes la barra de Patagones, por causa del rte huracan que reinaba.

Nos despedimos con algun pesar de la chacra PRONZATI y nuestro observatorio que debia quedar en Bahia Blanca, cuyo puerto será empleado como estacion telefónica.

El 30 de Diciembre nos embarcamos otra vez en el *Villa-* *ro*, saliendo del puerto Inglés.

El dia era uno de los mas cálidos que se hayan observado Bahía Blanca; el termómetro, á centigrados, marcaba 45° la sombra. Ningun airecito se movia y las casas blancas bajas de Bahia Blanca, situada en la vasta pampa Argentina, presentaron á nuestra vista sin estar tapadas por las nubes arena tan frecuentes en estos lugares.

El último dia del año zarpó el *Villarino:* poco á poco las as de Bahia Blanca se perdieron de vista; tambien la rra Ventana, la única elevacion algo considerable del elo, desapareció poco á poco del horizonte, hasta que, pa- lo el Monte Hermoso, nos recibió la mar abierta.

El 2 de Enero el *Villarino* anclaba en la Boca del Ria- elo.

Despues de una corta permanencia en Buenos Aires, nos barcamos para regresar en el vapor hamburgues *Santos* llegamos, despues de haber tocado varios puertos del asil, el 9 de Febrero á Lisboa y el 15 del mismo mes á mburgo.

ÍNDICE DEL TOMO VI

PARTE OFICIAL

PARTE CIENTÍFICA

PARTE OFICIAL

LISTE (N° 7)

des publications reçues par l'Académie Nationale des Sciences à Cordoba République Argentine pendant les mois d'Avril à Septembre 1884.

NÓMINA (N° 7)

de las publicaciones recibidas por la Academia Nacional de Ciencias en Córdoba República Argentina durante los meses de Abril a Setiembre de 1884.

Les Sociétés Scientifiques en correspondance avec l'Academie, sont priées de considérer cette liste comme unique reçu de leurs envois *périodiques réguliers*.

Voyez. Boletin de la Acad. Nac. de Ciencias. Tome III, p. 513—521; Tome IV, p. V—XIII; p. LV I—LXXI; Tome V, p. I—XLXI, Tome VI, p. III—VIII et p. XL—XLVIII.

AMSTERDAM. *Aardrijkskundig Genootschap.*
Tijdschrift Deel I, 2de Serie. N° 2, 3, 4. (*Il nous manque N° 1*).
Nomina Geographica Neerlandica. (*Incomplet*).

BALTIMORE. *Johns Hopkins University.*
Circulars n° 29—32.

BATAVIA. *K. Natuurk. Vereeniging in Nederlands Indïe.*
Boekwerken ter tafel gebracht in de vergaderingen von de directie. 1883. Juli-Dec.
Natuurk. Tijdschrift. Deel 44, 15de aflewering.

BATAVIA. *Magnet. en Meteorolog. Observatorium.*
Regenwaarnemingen in Nederlandsch-Indie. 1883.

BERGAMO. *Ateneo di Scienze, Lettere ed Arti.*
Atti. Vol. V. Dispensa unica.

Berlin. [illegible]
[illegible]

Berlin. [illegible]
[illegible]

Berlin. [illegible]
[illegible] Band [illegible]

Berlin. [illegible]
[illegible] Beobachtungen [illegible]

Berlin. [illegible]
[illegible]
[illegible]

Bern. [illegible]
Verhandlungen [illegible] Jahresbericht [illegible]

Bordeaux. Société de Géographie Commerciale.
Bulletin 1884. Nr. 1—5.

Boston. Society of Natural History.
Proceedings. Vol. XX [illegible] XXI [illegible] XXII. [illegible]

Boston. American Academy of Arts and Sciences.
Proceedings. New Series. Vol. XI. Part I. II.

Bremen. Geographische Gesellschaft.
Deutsche Geogr. Blätter. Band VII. Heft 1. 2.
[illegible] Jahresbericht des Vorstandes.
Katalog der Argentinischen Ausstellung 1884.

Bremen. Naturwissenschaftlicher Verein.
Abhandlungen Band VII. Heft 2. 3; Band VIII.
2. Band IX. 1.

Bruxelles. L'Académie Royale.
Annuaires 1881. 1882. 1883.

Bulletin. 2e série. Tome [illegible]. [illegible] série, tomes [illegible] 188[illegible].

Bruxelles. Observatoire Royal.
Annales astronomiques. Tome V, 2e fascicule.

Bruxelles. Société Royale Malacologique de Belgique.
Procès-Verbaux, août 188[illegible]–juillet 188[illegible].

Bruxelles. [illegible] National de Belgique.
[illegible] Fossiles. Tome [illegible].

Buenos Aires. Ministerio de Instruccion Publica.
Mensaje del Presidente de la Republica. Mayo 188[illegible].
[illegible] de [illegible] Géologie de la [illegible]. Paris 188[illegible].
Registro Nacional de la Republica Argentina. Año 188[illegible], 1er semestre.
Memoria correspondiente á 188[illegible].

Buenos Aires. Ministerio de Relaciones Exteriores.
Memorias presentadas al Congreso en 188[illegible] y 188[illegible].
Boletin mensual. 188[illegible]. Abril, Junio, Julio.

Buenos Aires. Ministerio de Guerra y Marina.
Album de vistas fotográficas de la Fabrica Nacional de Pólvora.

Buenos Aires. Facultad de Ciencias Fisico-Matemáticas.
Nómina de los Ingenieros y Arquitectos.

Buenos Aires. Departamento Nacional de Higiene.
Boletin Mensual, n° 19-22.

Buenos Aires. Departamento Nacional de Agricultura.
Boletin. Tomo VIII, n° 6-16.

Buenos Aires. Oficina de Estadistica Nacional.
Datos Mensuales, n° 19-24.

[illegible] Gesellschaft.
[illegible] Neue Folge. Band V. Heft —

[illegible]
[illegible]

[illegible]
[illegible] XX

[illegible] Gesellschaft [illegible]
Sitzungsberichte u. Abhandlungen 1884. Januar-Juni.

[illegible] Royal Society.
List of Members, Council, etc. [illegible] November 1883.

[illegible] Gesellschaft [illegible]
Jahresbericht [illegible] 1884.

[illegible]
[illegible] Beobachtungen vom Jahre 1882 [illegible] Blätter.
[illegible] vom 1884. Januar bis April [illegible] — Blätter.

Frankfurt a. M. Neue Zoologische Gesellschaft.
Der Zoologische Garten. Band XXV u. [illegible]

Frankfurt a. M. Senckenbergische Naturforsch. Ges.
Bericht 1880—1882.

Frankfurt a. M. Verein f. Geographie u. Statistik.
Jahresbericht 1878-80. 1881-82.
Katalog der Geographischen Ausstellung 1883.
[illegible] Leitfaden durch das [illegible] der Kartographie. Frankfurt 1883.

Genève. Institut National Genevois.
Bulletin. Tomes XXI-XXV.
Mémoires. Tomes XII-XV.

GIESSEN, *Oberhess. Ges. für Natur- und Heilkunde.*
23ster Bericht.

GLASGOW, *Natural History Society.*
Proceedings. Vol. I, 1, 2; II, 1, 2; III, 1, 2, 3; IV, 1, 2; V, 1, 2.

GÖTTINGEN, *Kön. Gesellschaft der Wissenschaften.*
Nachrichten aus dem Jahre 1882.

GREIFSWALD, *Naturwissenschaftlicher Verein für Neu-Vorpommern und Rügen.*
Mittheilungen, 15ter Jahrgang.

HALLE, *K. Leopold.-Carolin. Deutsche Akademie der Naturforscher.*
Nova Acta 44.
Leopoldina. 18tes Heft.

HAMBURG, *Geographische Gesellschaft.*

Karl Friedrich, Die La-Plata-Länder. Hamburg 1883.

HARLEM, *Société Hollandaise des Sciences.*

Archives Neerlandaises. T. XIX, livr. 2. (*Il nous manque T. XVIII, 2-5; XIX, 1.*

HEIDELBERG, *Naturhistor.-Medicinischer Verein.*
Verhandlungen. Band III, 1, 2, 3.

HERMANNSTADT, *Siebenbürgischer Verein für Naturwiss.*
Verhandlungen und Mittheilungen. Jahrgang 34.

KIEL, *Naturwissenschaftlicher Verein f. Schleswig-Holstein.*
Schriften. Band V, Heft 1.

KIEL, *Zoologisches Institut der Universität.*
K. Möbius. Rathschläge für den Bau und die

innere Einrichtung zoologischer Museen. Sep.-Abdr:

Kjöbenhavn, *L'Académie Royale.*
Oversigt. 1883, N° 3; 1884, n° 1.

Lausanne, *Société Vaudoise des Sciences.*
Bulletin, n° 88, 89.

Leiden, *Nederland. Entomol. Vereen.*
Tijdschrift voor Entomologie. Deel 26, 3. 4. *(Il nous manque 1, 2.)*

Leipzig, *Naturforschende Gesellschaft.*
Sitzungsberichte 1882.

Leipzig, *Prof. Dr. J. Victor Carus.*
Zoologischer Anzeiger n° 162-174. (Es fehlen 168, 169.)

Leipzig, *Verein für Erdkunde.*
Mittheilungen 1883. Abtheilung 1.

Lisboa, *Observatorio do Infante D. Luiz.*
M. de Brito Capello, La pluie à Lisbonne. Lisb. 1879.
M. de Brito Capello, Détermination de la température de l'air. Lisbonne 1879.
M. de Brito Capello, Résumé météorologique de Portugal. Lisbonne 1879.
M. de Brito Capello, La pression atmosphérique à Lisbonne. Lisbonne 1879.
Fradesso da Silveira, Relatorio do Congresso Meteorologico de Vienna., Lisboa 1874.
Relatorio do Serviço do Observatorio no anno 1870-71. Lisboa 1872.
Annaes do Observatorio, Magnetismo terrestre, 1870, 1874, 1876, 1882.

Annaes do Observatorio, Resumo das principaes observações meteorologicas executadas 1856-75. Lisboa 1877.

Annaes do Observatorio, Temperatura do ar em Lisboa 1856-1875. Lisboa 1878.

Annaes do Observatorio, Electricidade atmospherica 1877.

Lisboa, *Sociedade de Geographia.*

Boletim 4ta serie, nº 6-7.

London (Ontario, Canada), *Entomological Society of Ontario.*

The Canadian Entomologist, 1884, nº 1-5.

London, *Geological Society.*

Quarterly Journal nº 157, 158, 159.

London, *Chemical Society.*

Journal 1884. March-July.

London, *Entomological Society.*

Transactions for the year 1883, 1884, Part I.

London, *Meteorological Office.*

Report of the Meteorological Council to the Royal Society 1882-1883.

The Monthly Weather Report for January 1884.

Weekly Weather Report. Vol. I, nº 1-4 (1884).

The Quarterly Weather Report. July-September 1876. London 1884.

London, *Editor of*

Symons's Monthly Meteorological Magazine. 1884, February-August (*wanting June*).

Maceió, *Instituto Archeologico e Geographico Alagoano.*

Revista, nº 16, 17.

Madison (Wiscous.), *Superintendent of Public Property.*

Geology of Wiscousin. Vol. I, IV and Atlas.

RID, *Real Academia de Ciencias Exactas, Fisicas y Naturales.*

Revista de los progresos de las Ciencias exactas, Fisicas y Naturales. Tomo III-XX.; XXI, nº 1-5.

Picatoste, Memoria premiada para commemorar el 2do centenario de Pedro Calderon de la Barca. Madrid 1881.

Programa y Reseña del certámen propuesto y celebrado para conmemorar el 2º centenario de Calderon. Madrid 1881.

Anuario 1883, 1884.

Memorias. Tomo I-X.

Manuel Rico y Sinobas, Libros del Saber de Astronomia del rey D. Alfonso X de Castilla. Tomo I-IV. Tomo I-IV; Tomo V, parte 1.

Discursos leidos en la recepcion pública del Señor Daniel de Cortázar. Junio 1884.

Discursos leidos en la recepcion pública del Exmo. Señor de Botella y Hornos. Junio 1884.

DEBURG, *Wetterwarte.*

Das Wetter, Meteorologische Monatsschrift. Jahrgang I, nº 3.

ICO, *Museo Nacional.*

Revista Científica Mexicana. Tomo II, nº 1.

ICO, *Observatorio Meteorológico Central.*

Boletin del Ministerio de Fomento. Tomo VIII, 152-156; T. IX, 1-64.

Observaciones Magnéticas. Enero á Marzo 1884.

ANO, *R. Instituto Lombardo.*

Rendiconti, Serie II, Vol. XVI, 1883.

Memorie. Classe di Scienze Matemat. e Naturali. Vol. XV (VI della Serie III).

MONCALIERI, *Osservatorio Centrale della Società Meteorologica Italiana.*
Bollettino Mensuale. Serie II, Vol. III. n° 1-12; Vol. IV. 1, 2, 3.
Bollettino Decadico. Anno XII. n° 1-12. Anno XIII. n° 1, 2.

MONTEVIDEO, *Ateneo del Uruguay.*
Anales. n° 30-37.

MONTEVIDEO. *Sociedad Ciencias y Artes.*
Boletin. Tomo VIII. n° 6. 7. 8. 9. 19. 20. 24-26. 28. 29. 32-34. (Muy incompleto!

MONTEVIDEO (Villa Colon). *Observatorio Meteorológico Central del Colegio Pio.*
Résumen de las Observaciones meteorológicas ejecutadas en 1883.

MONTPELLIER, *Société Languedocienne de Géographie.*
Bulletin. Tome VII, n° 1.

PARIS, *Société d'Anthropologie.*
Bulletins. Tome VI, 4me fascicule; VII, 1, 2.

PARIS, *Société de Topographie de France.*
Bulletin 1883. 1-12; 1884, 1-6.

PARIS, *Société de Géographie.*
Compte-Rendu des séances 1884, n° 13, 14, 15.
Bulletin 1884, 1er trimestre.

PARIS, *Société de Géographie Commerciale.*
Bulletin. Tome VI, fasc. 1-8.

PARIS, *Société Philotechnique.*
Annuaire, 1881, 1882.

PHILADELPHIA, *Academy of Natural Sciences.*
Proceedings. Part III, 1883. 1884, Part I.

PISA, *Società Toscana di Scienze Naturali.*
Processi Verbali. Vol. IV, pag. 1-96.
Memorie. Vol. VI, fasc. 1.

PRAG, *K. Böhm. Gesellschaft der Wissenschaften.*
Sitzungsberichte 1881, 1882.
Jahresbericht, ausgegeben 1881, 1882.

REGENSBURG, *Naturwissenschaftlicher Verein.*
Correspondenzblatt. Jahrgang 36, 37.

RIO DE JANEIRO, *Museu Nacional.*
Guia da Exposiçao Anthropologica Brazileira, 1882.

RIO DE JANEIRO, *Instituto Historico, Geographico e Ethnographico do Brazil.*
Revista trimensal. Tom XLVI, Parte I e II.

ROMA, *Società degli spettroscopisti Italiani.*
Memorie, Vol. XII, 11; Vol. XIII, dispensa 1-6.

ROMA, *Accademia Pontificia de Nuovi Lyncei.*
Rendiconti 1884. Sessione 3ª, 4ª, 5ª, 6ª, 7ª, 8ª.
Atti, anno XXXV. Roma 1882.

ROMA, *R. Comitato Geologico d'Italia.*
Bollettino 1884, nº 1–6.

ROMA, *Direzione Generale dell' Agricoltura.*
Annali di Agricoltura 1883-84, nº 60-71, 73-75, 77, 78.
Notizie intorno alli Condizioni dell' Agricoltura negli anni 1878-1879. Vol. I-III.
Bollettino di Notizie Agrarie. Anno VI, nº 1-31, 33, 41. *(Il nous manque 32, 34, 40).*

SANTIAGO DE CHILE, *Oficina Hidrográfica de Chile.*
Anuario hidrográfico de la Marina de Chile. Años II-IX (1884).

Vidal Gormaz, Jeografía Náutica, Entreg. 2, 3, 4.
Vergara, Los descubridores del Estrecho de Magallanes. Parte 2ª, 3ª.
Estudios hidrográficos sobre la Patagonia Occidental, ejecutados por la corbeta italiana *Caracciolo*.
Estudios sobre las aguas de Skyring y la parte austral de Patagonia, por Enrique Ibar Sierra.
Sullivan, Derrotero de las Islas Malvinas. Traducido del inglés.
Vergara y Medina, El capitan de fragata Arturo Prat.
Noticias sobre las provincias litorales.
Lévêque, Proyecto de trasformacion del puerto de Lebu.
Lévêque, Estudio sobre la Ria de Constitucion y la barra del rio Maule.
Informes de la casa de Sir W. G. Armstrong sobre la ruptura del cañon del crucero *Angamos*.
El Terremoto del 9 de Mayo de 1877.
Gorringe, Derrotero del Rio de La Plata. Traducido por Ramon Guerrero Vergara.

SANTIAGO DE CHILE, *Oficina Central Meteorológica*.
Anuario. Año 2, 3, 4°, 7° (1875, publicado 1884)

SAN FRANCISCO, *Californian Academy of Sciences*.
Bulletin, nº 1, Febr. 1884.

ST. PETERSBURG, *Societé Entomologique de Russie*.
Horae, Tom. XVI.

ST. LOUIS, *Academy of Science*.
Transactions Vol. I, 3, 4; Vol. II, 1, 2, 3; Vol. III, 1-4; Vol. IV, 1-3.

SONDERSHAUSEN, *Botanischer Verein Irmischia*.

Korrespondenzblatt 1883, n° 12; 1884, 1-4.
Abhandlungen, Heft III, pag. 17-32.

STOCKHOLM, *Svenska Sällskapet för antropologi och geografi.*
Ymer. Tidskrift 1884, Häftet 1-4.

TORINO, *Societá Filotecnica de Torino.*
Atti. Anno VI, Gennaio 1884.

TORONTO, *Superintendent of the Meteorological Service.*
Ch. Carpmaël, Report of the Meteorol. Service of the dominion of Canada, for 1881.
Monthly Weather Review 1884, Jan.-June.

TRIESTE, *Societá Adriatica di Scienze naturali.*
Bollettino, Vol. 8°. Trieste 1883-84.

TUCUMAN, *Gobierno de la Provincia.*
Memoria histórica y descriptiva de la Provincia de Tucuman. 1882.

VENEZIA, *L'Ateneo Veneto.*
Revista mensile. Serie IV, n° 5, 6, 7; Serie V, 1-4.

WASHINGTON, *Chief Signal Officer.*
Bulletin of International Meteorology. May 1883. June 1883.
Monthly Weather Review, May and June 1884.

WASHINGTON, *Smithsonian Institution.*
Smithsonian Report 1881.
Congressional Directory. Collected to Febr. 3 1883.
Report of the Comptroller of the Currency. 1882.

WASHINGTON, *U. S. Geological Survey* (Director: Major J. W. Powell).
2[d] Annual Report. 1880-81.

Monographs II. Dutton. Tertiary History of the Cañon District.

Atlas accompanying this work.

Bulletin. n° 1. Washington 1883.

1st Annual Report by Clarence King. Washington 1880.

WASHINGTON. *U. S. Geolog. and Geograph. Survey.*

T. V. Hayden. The Territories of Wyoming and Idaho 1878. I. II.

Maps and Panoramas of the 12th annual report.

WIEN. *Oesterr. Ges. f. Meteorologie.*

Zeitschrift 1884. März–August.

WIEN. *K. K. Centralanstalt für Meteor. und Erdmagnetismus.*

Jahrbücher. 1881. II. 1882. I.

WIEN. *Ornithologischer Verein.*

Mittheilungen Jahrgang 8. n° 3-7.

Beiblatt. Jahrgang I. n° 1–4.

WIEN. *K. K. Geologische Reichsanstalt.*

Naturwissenschaftliche Abhandlungen von Wilh. Haidinger. Bd II. III. IV.

Haidinger. Berichte über Naturwissenschaften. Bd. III–VII.

Kenngott. Mineralogische Forschungen. 3 Bde.

Katalog der Bibliothek der K. K. Hof-Mineralien-Cabinets.

Fuchs. Geolog. Karte der Umgebung Wiens.

Katalog der Ausstellungs-Gegenstände bei der Wiener Weltausstellung.

Führer zu den Excursionen der Deutschen Geolog. Ges. nach der allgem. Versammlung.

Abhandlungen. Bd I-X.

Jahrbuch, Jahrgang 1880-1883; 1884. n° 1-3.

Verhandlungen. Jahrgang 1870-1883; 1884, n° 1-12.

Ausserdem 128 Separat-Abdrücke.

WINNIPEG, *Manitoba Historical and Scientific Society.*

Transactions, n° 1-6, 12-14.

Publications n° 1, 2, 4, 5.

WÜRZBURG, *Physikalisch-Medicinische Gesellschaft.*

Sitzungsberichte. Jahrgang 1883.

HOMMAGE DES AUTEURS

Ameghino, Florentino (M. A.), Buenos Aires.

Filogenia. Principios de clasificacion transformista basados sobre leyes naturales y proporciones matemáticas, Buenos Aires 1884.

Berg, Dr. Cárlos (M. A.), Buenos Aires.

Addenda et emendanda ad Hemiptera Argentina, Buenos Aires, 1884.

La Simbiosis. Conferencia. Buenos Aires, 1884.

La Metamórfosis. Conferencia. Buenos Aires, 1884.

Carrasco, Dr. Gabriel, Rosario de Santa Fé.

Descripcion geográfica y estadistica de la Provincia de Santa Fé. 3ª edicion. Rosario 1884.

Domeyko, Dr. Ignacio (M. C.), Santiago de Chile.

3er apéndice á la Mineralogia. Santiago, 1884.

Gache, Samuel, Buenos Aires.

La Cremacion. Suelto. Buenos Aires, 1884.

Hann, Dr. Julius, (M. H.), Wien.

Einige Resultate aus Major von Mechow's meteorol. Beobachtungen im Innern von Angola. Sep.-Abdr. Wien 1884.

Latzina, Dr. Francisco (M. A.), Buenos Aires.
Resúmenes Generales y Preliminares del Censo Escolar Nacional. 1883-84. Buenos Aires, 1884.

Moreira, de Azevedo, Dr. Rio de Janeiro.
O Brazil de 1831 á 1840. Rio de Janeiro, 1884.

Navarro Viola, Dr. Alberto, Buenos Aires.
Juicio crítico del diccionario filológico-comparado. Buenos Aires, 1884.

Philippi, Dr. Rod. A., (M. C.), Santiago de Chile.
Sobre los Astacus de Chile.
Susarium Segethi Philippi.
Sobre dos fósiles nuevos de Chile del género Cirrus. Santiago 1883.

Siewert, Dr. Max. (M. C.), Danzig.
Ueber den Einfluss der ungeschälten Baumwollesaamenkuchen auf die Milchproduction. Sonderabdr. 1884.

CPSIA information can be obtained
at www.ICGtesting.com
Printed in the USA
BVHW08*1521041018
529297BV00008B/295/P

9 780484 607261